米海軍戦略家の系譜

世界一の海軍はどのようにして生まれたのか

谷光太郎

芙蓉書房出版

はじめに

「相手を知り、己を知る」ことの重要性

書店のコーナーでは、日本の近代史に大きな影響を与えた太平洋戦争関連事項に限っても、日本人の政治家、軍人、あるいは政治に関わる歴史書や評論、雑誌類で溢れているものの、戦った相手の米国関係のものはほとんど見当たらない。

外交・軍事は相手があり、世界的関連があることは言うまでもないことで、自分達だけの国内世界に籠って、批判したり、已むを得なかったとか、あるいは良くやったと自己満足するのは「井の中の蛙」だ。

前の大戦で敗れ、現在は同盟国として我国の外交・防衛政策の基盤国となっている米国の歴史、外交史、戦略史、人物史を知らずして、現在の我国の外交防衛を日本国内の見方だけで観るようでは「夜郎自大」との謗《そし》りも甘受しなければならぬ。

ペリー提督の砲艦外交、先の大戦の例を引くまでもなく、外交や国外戦の尖兵は海軍であり、現在も変わらない。その意味で、米国外交・防衛政策をリードしてきた米国海軍戦略家の系譜を知ることは、日本近代史理解のうえでも、現在の日本の現状を知る点からも、それなりの意

味があるのは言うまでもなかろう。

現在の東アジア情勢と日本

海軍戦略家アルフレッド・T・マハンは『海上権力史論』（*The Influence of Sea-Power upon History*,1890）を著し、「海を制する者は、海上交通線を確保することにより、世界の富を壟断し、その影響力によって世界を制す」と喝破した。これは、１３０年後の21世紀初めの現在でも通用する意味を持っている。

マハンによれば、約１２０年前の東アジアの基本的政治情勢は、不凍港を求めて南下するランドパワー国ロシア（スラブ）と、それを阻止しようとするシーパワー国英米日（チュートン：チュートンとはゲルマン系民族。マハンは便宜上、日本をチュートンに入れた）との対立と見た。世界の海を支配してきた大英帝国の隆盛は峠を越し、その衰えは誰の目にも明らかで、米国は新しく植民地化したフィリピンの独立運動に手を焼き、日本も明治維新から30年余年後で軍備も充分とは言えなかった。このため、シーパワー国の一国だけではロシアに対抗出来ず、共同して対抗すべしとマハンは論陣を張った。

日本は英国と日英同盟を結び（１９０２年1月）、世界の金融センター・ロンドンで軍費を借金（外債）し、セオドア・ルーズベルト米国大統領の和平斡旋により、辛くもロシアとの戦争を終結させ、南満洲と朝鮮半島からロシア勢力を払拭した。日英同盟が成立した大きな原因は、直前の北清事変（１９００年）で日米英仏伊独露が自国民救出のため連合軍を派遣した際、柴五郎中佐率いる日本軍の極めて勇敢、軍紀厳正、廉潔だったことが世界の評判になり、日本は信頼に値する国だと英国が考えたことであった。

ひるがえって、現在の東アジア情勢はどうか。南支那海に次々と海軍基地を造成して南下し（第一列島線）、マラッカ海峡からインド洋、中近東方面にも基地を作って影響力を拡げ（一帯一路政策）、また、西太平洋でもフィリピンから小笠原方面（第二列島線）にまで軍事進出を想定し、海上交通線を握ることにより軍事・政治・外交覇権を手中に収め、アジア全体を自国の影響下に置こうとするランドパワー国中国と、これをさせじとして「自由で開かれた太平洋・インド洋」戦略を掲げるシーパワー国日米との対立を基本情勢と見て誤りはあるまい。

第二次大戦後、圧倒的力を持っていた米国は朝鮮戦争やベトナム戦争で国力を消尽し、相対的に国力低下が見られ、「もう、世界の警察官にはならない」と大統領が発言する有様で、米一国だけで中国に対抗するのは苦しい。ハーバード大学のグレアム・アクソン教授は、米国の国内総生産（ＧＤＰ）の世界に占める割合が第二次大戦直後の２分の１から、ソ連との冷戦終了直後に４分の１となり、２０１８年現在は７分の１に落ちている点を挙げ、米国の衰退現状を指摘する（「産経新聞」２０１８年8月29日、「正論」）。

戦前、支那大陸の泥沼に入った苦い経験を持つ日本も一国だけで中国と対立するには荷が重い。米国との同盟関係を生かして中国の海洋進出に対峙するのが正解だろう。それは、１３０年前に同じシーパワー国英国と同盟を結んでランドパワー国ロシアと対抗したのと同じ解である。

シーパワー国は概して開放的で民主的であるのに対して、ランドパワー国はロシアや中国を見ても分かるように、閉鎖的で独裁的である。狭い国土に大勢の人口を抱え、資源に乏しい日本は、海上交通に基礎を置く自由貿易体制以外では生きられず、歴史的に見ても、独裁者の専制政治下にあったことはなかった。徳川治世下でも、将軍個人の独裁ではなく、譜代大名出身老中による協議政治であり、各大名は大幅な領地自治権を持っていた。

米国の歴史・国策・国家戦略

ピルグリム・ファーザースと呼ばれた清教徒が、大西洋を横断して北米のプリマスに植民したのは１６２０年。日本で言えば元和６年で徳川秀忠の時代である。

本国の英国と対立して独立宣言を行ったのは１７７６年で、日本で言えば安永５年、徳川家治の時代であった。独立宣言から７年後のパリ条約で独立を達成した。その後の米国は次のような西進本能ともいうべきもので動いてきた。

陸のフロンティアの時代

米国の歴史は、広大なフロンティア大陸を西へと開拓しながら進むことであった。白人文化とキリスト教を蛮人（先住民）の住む未開地に伝搬して拡げていくことは神から与えられた「明白な運命（マニフェスト・デスティニー：膨張の天命）」であるとして、先住民の土地を奪い、殺戮を重ねながら西へ西へと進んだ。米国史の第一期は陸のフロンティアの時代であった。

13州による独立時に、ミシシッピー川以東の地を得たが、1803年（享和3年、徳川家斉の時代）、ミシシッピー川以西の広大なルイジアナをフランスから買収。

独立戦争後、1812年から14年にかけて第二次米英戦争があり、この戦争はアメリカ人の国民意識を昂揚させ、英国への経済的従属を断ち切って経済的に自立するきっかけとなった。

1819年、フロリダをスペインから買収。

1823年には、第5代大統領モンロー（大統領任期は1817年〜1825年）によって、①アメリカは欧州の内政や戦争に干渉しない、②欧州列強は西半球（南北アメリカ大陸周辺）に政治軍事干渉をしてはならない、との宣言が行われた。このモンロー主義は長らく米国外交の基本となった。

1845年、メキシコ領テキサスが独立宣言をすると、このテキサスを直ちに併合する。怒ったメキシコとの戦争（米墨戦争）が1846年〜48年に亘って行われ、米国の勝利により1848年（幕末の嘉永元年）、ニューメキシコ、アリゾナ、カリフォルニアを領有することになった。

1890年、米国国勢調査局はフロンティアの消滅を宣言する。奇しくもこの年は、海軍増強と海外進出を説くマハン大佐の『海上権力史論』が刊行された年でもあった。

誰でも、先に住んだ者が切り取り放題で自分の土地に出来る未開地はなくなった。

歴史家フレデリック・J・ターナーは、広大なフロンティアの存在を米国史の特色と考え、フロンティアの消失を以て米国史の第一期は終り、第二期を「海のフロンティアへの膨張——

太平洋を更に西に進み、海外市場を求めること」と考えていた。

歴史家ブルークス・アダムスや、マハン海軍大佐など、言論界で大きな影響力を持った人々も、「海のフロンティアへの膨張」の考えを持っていた。マハンは次のように考えた。

「欲すると否とに拘らず、米国民は今や目を海外に向けねばならない。米国の発展する生産力はそれを要求しており、次第に増大する国民感情はそれを要求している。二つの旧世界（欧州とアジア）、二つの大洋（大西洋と太平洋）に挟まれた米国の位置がそれを要求している」（「シーパワーにおける米国の関心」）

工業生産は、１８６０年の19億ドルが30年後には5倍の93億７０００万ドルとなり、１８８０年代に英国を抜いて世界一の工業国になった。１８６０年代から１８８０年代にかけて１０００万人の移民が主として東欧、南欧から流入した。

マハン大佐は政治問題、外交問題に関してジャーナリズムの世界で華々しく活躍した。その考えは「マニフェスト・デスティニー」の海洋帝国版とも考えることが出来る。米国民の各層から、海外市場への進出を求める声が広がった。それは、宗教（キリスト教の伝道）や文明上の使命感（遅れた地域への優れた白人文化の伝播）、通商拡大の要求（富の追求）、軍事戦略拠点の確保といった種々の視点からの要望であり、かつての「マニフェスト・デスティニー」と似ていた。

米国史の第一期が北米大陸を西進し、陸の大国への道であったとすれば、米国史の第二期は、太平洋を西進し、海の大国への歩みと言ってよかった。この第一期から第二期への転換の時期、すなわち、１８９０年代から１９１０年代の約20年間、この転換を大きく牽引したのはセオドア・ルーズベルト大統領を囲む人々だった。これらの人々は特に、東アジアに強い関心を持っていた。21世紀初期の現在、東アジアの政治、外交、軍事、通商の問題は米国抜きに考えられない。米国の東アジア進出と東アジア政策を創設してきたセオドア・ルーズベルトを囲む人々の考えを知ることは、現在の米国の東アジア政策を知る基本となろう。

海のフロンティアの時代

米国の領土がカリフォルニアにまで達し、陸のフロンティアの時代は終わった。しかし、米国人の西進本能とも言うべきものは消えなかった。広大な太平洋の西進の時代が始まる。まず、米国の目に留まったのは太平洋航路の要衝に位置したハワイ王国であった。すでにハワイ王国には多くの日本人移民が農業に従事しており、ハワイ人口に占める比率は原住民に次いで大きくなっていた。白人の影響力増大を恐れたハワイ国王は来日し、明治天皇に拝謁し、日本人移民の更なる増加を願った。その後、ハワイ王国政府は女王に日本皇室から婿を迎えたいと伝えたが、日本の皇族が外国人と結婚した例はないとして実を結ばなかった。

白人住民達による王制廃止の革命運動が起こると、米国はホノルル停泊中の軍艦から海兵隊を上陸させ、武力で王政を潰し、１８９８年にはハワイを植民地化した。日本政府は日本人移民が人口の主要を占めるハワイの強引な米植民地化に強く抗議したが、北からロシアの脅威を受けていたこともあって、更に東で米国と干戈《かんか》を交えることは出来ず、泣き寝入りせざるを得なかった。このハワイ領有化を強く主張していたのが、海軍戦略家のマハン大佐と海軍次官だったセオドア・ルーズベルトである。

スペイン領キューバで内乱が起こり、米人の生命財産保護のためキューバのハバナ港に停泊していた戦艦メイン号が何者かによる水中機雷によって爆沈する事件があった。米全土に「リメンバー・ザ・メイン！（メイン号を忘れるな！）」の怒号が巻き起こり、1898年に米西戦争が勃発。スペインが敗れたことにより、西太平洋のスペイン領フィリピンとグアム島が米国の植民地となった。

米国人の西進本能は更に昂《たか》まる。フィリピンから西に進むと支那大陸が横たわっている。大英帝国の繁栄に大きく寄与したのは「英国の宝石箱」と言われたインドだった。インドの富が英本国に流れ込み、大英帝国は空前の大繁栄となった。米国内では、大英帝国繁栄の歴史を学んで支那大陸を「米国の宝石箱」にすべし、の声が起こるのは当然と言えた。しかし、フィリピンから支那大陸の間には日本領台湾（1895年に日清戦争による下関条約の結果、日本領となる）が横たわり、支那大陸には既に日本や欧州列強が地盤を築いている。

1899年、マッキンリー内閣の米国務長官ジョン・ヘイは、支那大陸への経済的進出を狙うと同時に、領土保全・機会均等も求める「門戸開放宣言」を行った。2年後にはセオドア・ルーズベルトが大統領に就任する。以降、支那大陸の経済的進出を狙う米国と、既にこの大陸に地盤を築いている日本との対立が大きくなる。

犬養毅内閣（1931年12月～1932年5月）の実力者書記官長森恪は三井物産社員として

支那大陸で活躍していた経歴がある。森は支那大陸から米国の勢力を駆逐しなければ日本の指導権を確立出来ぬと考えた。また日露戦争後、強くなった米国の支那大陸への野心を防ぐには海軍力の確保以外に途はないと信じていた。日支間の戦争となった支那事変中、支那大陸での利権を狙う米国は公然と蒋介石指導の国民政府を援助することとなり、これが日米戦争の原因となったのは周知の通りである。

第二次大戦後、西太平洋の海軍強国日本を破った米国は、今までの西進を更に進め、日本列島、沖縄、台湾を影響下に置いた。米国の太平洋西進の理論的根拠と国民意識の形成にエネルギーを注いだマハンがこのことを知ったら、どんなに喜ぶだろうか。

しかし、西進の究極の目標だった支那大陸は、応援と援助を続けた蒋介石の国民政府が内乱に敗れ、毛沢東の共産政権が誕生した。パール・バック女史の小説「大地」はフランクリン・ルーズベルトが大統領に就任する2年前の1931年に刊行、6年後には映画化され、米国民の多くに支那大陸への夢を抱かせた。ルーズベルトの母の実家は支那貿易で産を成したデラノ家で、母は少女時代に支那大陸で過ごしたこともあって支那贔屓《ひいき》だった。母の影響もあり、第二次大戦終結直前に死んだルーズベルトも支那贔屓として知られた。しかし、大英帝国がインドを「宝石箱」にしたように、支那大陸を米国の「宝石箱」にする戦略は頓挫し、現在に至っている。

第二次大戦の結果、英国はすべての植民地を失い、欧州の一国に過ぎなくなった。米国の絶頂は第二次大戦終結直後で、以降、誰の目にも国力に陰りが見え始めている。大戦終結後、米国の新たな敵はソ連となった。ソ連は大陸国であって海洋国ではなく、海軍力は米国とは比較にならない。

対ソ戦となれば、勝敗を決するのは長距離大型戦略爆撃機によってソ連中枢部に原子爆弾の雨を降らせることだ。即ち、対ソ戦の主役は戦後１９４７年に陸軍航空隊から発足して誕生した空軍であって海軍の出る幕はない、との見方が議会内でも有力となった。しかし、戦略核ミサイル搭載原子力潜水艦と戦術的に使用価値の高い原子力空母の誕生は、海軍の存在感を高めることこそあれ、弱めることはなかった。戦略空軍の存在価値の減少が明らかになったのはベトナム戦争だった。ベトナム戦争でグアムを発進した大型戦略爆撃機はソ連製地対空ミサイルによって次々と撃ち落とされ出撃出来なくなった。海軍の存在価値は今も高い。

米国海軍を知る必要

百年前の日本海軍は英海軍を研究して、英海軍に学んだ。東郷平八郎元帥が英国の商船学校で学んだことはよく知られている。そして、敗戦後の日本は米海軍に学んだ。戦後、海軍作戦部長にもなったアレー・バーク大将は「海上自衛隊創設の父」とも言われるほど、海上自衛隊の創設に尽力してくれた提督である。１３０年前の日英同盟と同様に、日本は米国と同盟を結んで国家安全保障の礎にしている。２０１７年5月の北朝鮮のミサイル発射に際して、米国は原子力空母「カール・ビンソン」と「ドナルド・レーガン」を日本海に派遣し、海上自衛隊もこの時、米艦隊と共同訓練を行った。

日露戦争時、バルチック艦隊の極東派遣は日本の生死に関する事項であったことはもちろんだが、艦隊を派遣して示威行動、恫喝外交を行うのは外交史上よくあることである。ペリーの黒船艦隊は大砲の威力によって日本に開国を強要したし、日露戦争後のカリフォルニアでの日本人移民排斥運動で日米間に緊張が走った時には、セオドア・ルーズベルト大統領は新鋭戦艦16隻による白色艦隊（The Great White Fleet）を日本に巡航させて日本を恫喝した。明治の元勲伊藤博文は、これが日本への示威航海であることを百も承知でこの白色艦隊へ歓待の態度をとった。明治の政治家の懐の深さである。ルーズベルトは後に、ドイツのティルピッツ海相に「バルチック艦隊以上の白人艦隊があるのを日本人に知らせたのだ」と書き送っている。

太平洋戦争以前の日本には米国研究が足りなかった点があった。海軍は英国から学んだし、陸軍はドイツ陸軍とソ連陸軍を一流と考え、米陸軍を三流陸軍とみなし問題外としていた。

歴史の教訓を踏まえて、同盟国の歴史・国民性だけでなく、軍事外交の中心となる海軍の歴史と基本戦略を作ってきた人々を概略だけでも我々は知っておく必要があろう。

閑話休題　◎南シナ海問題と海上自衛隊・米海軍

日本の海上自衛隊は潜水艦を南シナ海に派遣し、護衛部隊と共に対潜水艦を想定した訓練を２０１８年９月13日に実施したと発表。敢えて対外的に明らかにすることで、日本の存在感と運用能力の高さを示し、同海域で軍事拠点化を強行する中国を牽制する狙いのためである。（２０１８年９月18日、産経新聞「海自潜水艦南シナ海で訓練」）

米海軍駆逐艦は9月30日、「航行の自由作戦」として、南沙諸島ガベン礁附近で12カイリ以内海域を航行。中国の軍艦が米艦の前約41メートルにまで接近し、海域から離れるよう警告した。「航行の自由作戦」は２０１５年秋から２~３か月に１回のペースで実施されてきた。もちろん、米国政府の意思を示す米海軍の示威航海である。また、トランプ米政権は核兵器搭載可能なB-52を東シナ海や南シナ海で飛行させてきていた。（２０１８年10月３日、日本経済新聞「南シナ海でニアミス」）

米国のアーミテージ元国務副長官、ナイ・ハーバード大学教授ら有識者グループは日米同盟強化に向けた報告書を２０１８年10月３日に発表した。西太平洋方面の台湾、南シナ海、東シナ海での万一の緊急事態に備えるため、機動的に対応する「合同統合任務部隊（日米合同の陸海空軍混成部隊）」の創設を提言した。（２０１８年10月４日、日本経済新聞夕刊）

米海軍戦略家の系譜　目次

第１章

❖

米海軍省の歴史

米海軍戦略家の系譜の理解、特に海軍大学校や海軍作戦部創設に関しての理解のためには、米海軍の歴史と海軍省組織の概要を知っておくことが必要と思われるので、ごく簡単に以下に説明しておく。

米海軍の歴史は独立戦争時に創設された大陸海軍（Continental Navy）まで溯れる。その後、海上通商保護と海賊対策のため１７９４年３月、議会は６隻のフリゲート建設を許可した。この海軍管理のため海軍省が創設されたのは４年後の１７９８年４月である。この年は日本風に言えば寛政10年で、近藤重蔵が択捉島に「大日本恵登呂府」の標識を立て、本居宣長の「古事記伝」が完成した年である。

海軍省初代長官はベンジャミン・ストダートで、長官の下に何人かの書記官が付いた。第二次英米戦争（１８１２年）が始まると、この弱小体制では対処できず、１８１５年２月には３人の海軍大佐で構成される海軍委員会（Board of Navy Commissioners）が創設された。海軍省は、この委員会と、書記官によって運営された。しかし、海軍の拡大や技術の進歩によって、長官と委員会の権限が交錯してきたため、１８４２年、海軍委員会は廃止され、次の５つの局が作られた。日本で言えば天保13年で、太平洋戦争勃発のちょうど１００年前になる。

①施設局（The Bureau of Navy Yards and Docks）
②建艦局（The Bureau of Construction ,Equipment and Repair）
③兵備・水路地理局（The Bureau of Ordnance and Hydrography）
④主計局（The Bureau of Provisions and Clothing）

⑤医務局（The Bureau of Medicine and Surgery）

①と③はライン士官の海軍大佐、②は造艦官、⑤は軍医士官、④は特に規定がなかった。

南北戦争後は改編があり、次の８局制度となった。

①装備局（The Bureau of Equipment and Recruiting）

②建艦局（The Bureau of Construction and Repair）

③蒸気機関局（The Bureau of Steam Engineering）

④航海局（The Bureau of Navigation）

⑤兵備局（The Bureau of Ordnance）

⑥主計局（The Bureau of Provisions and Clothing）

⑦施設局（The Bureau of Yards and Docks）

⑧医務局（The Bureau of Medicine and Surgery）

①、④、⑤、⑦は兵科士官、②は造艦官、③は海軍技師長、⑧は軍医。③と④が新設局である。①と②は以前の建艦局が二分されたもの。

航海局は文字通り、当初は航海関係の科学部門を担当し、海軍天文台、水路地理部、海軍歴史編纂部、海軍兵学校を管轄した。航海局が海軍士官の人事を担当したのは、南北戦争時のウエルズ長官が自分のオフィスに作った庶務室（Office of Detail）を１８６５年４月に航海局に移して以来である。下士官以下の人事は装備局で行った。１８８９年６月、装備局の下士官以下の人事業務は航海局担当となり、航海局担当だった航海用機器（コンパスやクロロメーター等）関連は、装備局管轄になった。このため、Recruiting の字句がはずされた。

その後、兵科士官にとって、兵備局と航海局は出世のための重要部門となった。前者はガンクラブと俗称され、太平洋戦争勃発時に海軍作戦部長だったスタークは兵備局長の経歴があり、スタークの前任部長で第二次大戦中は統合参謀長会議議長だったリーヒ、太平洋艦隊長官だったニミッツも航海局長の経歴を持つ。第二次大戦中、航海局は人事局と改名された。

これら８つの局はそれぞれ独立王国的存在で、これを調整し統制するのは海軍長官しかおらず、これら部局体制の効率的調整が19世紀から20世紀にかけての海軍省の大きな組織問題だった。１８８９年、トレーシー長官は、関係局長をメンバーとする「建艦委員会（Construction Board）」を作って、軍艦建造業務の統一調整機関とした。

１９０３年には、ライト兄弟による石油エンジンとプロペラ推進による飛行機が初飛行し、第一次大戦ではその潜在戦力の大きさが認識された。このため、１９２１年7月、航空局（Bureau of Aeronautics）が創設され、初代局長にはウィリアム・Ａ・モフェット少将が任命された。二代目航空局長は太平洋戦争中米海軍のトップだったアーネスト・Ｊ・キングだ。

その後、蒸気機関局が建艦局に吸収されたことはあっても、大体この体制が第二次大戦まで続いた。

第2章

❖

戦略研究機関としての米海軍大学校の創設と理論家マハン大佐

1　海軍大学校創設に情熱を燃やしたルース提督

世界に例のない研究機関をつくりたい

１８６１年（文久元年、徳川家茂の時代）から丸４年続いた南北戦争は米国民に大きな傷を与えた。当時の２４００万人口で戦死者が62万人にも及んだのだ。戦争終結後、急激な軍縮が行われ、多くの海軍士官は冗員化した。給与水準はその後30年間以上変わらず、大尉で10年以上そのまま据え置かれる士官も少なくなかった。

木造帆船の時代は去りつつあり、古い世代の士官は蒸気船に付いていけなくなった。蒸気機関化や鋼鉄艦の導入と共に、旋条（ライフル）巨砲、鋼鉄板による装甲、魚雷の発達等が急速に進み、海軍の根本的見直しが必要になった。このような急激な変化によって、実際に艦を運用し、戦闘を指揮する兵科士官よりも建艦技師や造兵技師の育成がより重要との考えも大きくなった。野心的で有能な兵科士官の多くは技術方面志向となり、造兵学とか電気工学方面へとエネルギーを向け始めた。

海軍士官のこのような傾向を憂える提督の中にシュテファン・Ｂ・ルース（１８２７〜１９１７）がいた。ルースは14歳で士官候補生になり、25歳までに南米最南端のホーン岬を４回通過し、赤道を８回越え、世界一周を２回経験した、潮風をたっぷり浴びてきた根っからの船乗りだった。

ルースは、専門書の他、ディケンズを愛読し、科学や歴史方面の読書を好み、知的好奇心が旺盛で、ディケンズへの傾倒ぶりや歴史に関する造詣がそれを示していた。独創的な思想家ではなかったが、諸思想家の成果を取り入れて自家薬籠中のものとし、これを海軍の教育行政に生かそうとした。彼は若い時分から船乗りの教育訓練に関心が深く、練習艦の艦長を何度も経験し、ニューヨーク商船学校の設立に尽力したことでも、この方面への関心の深さが知られよう。また、気軽にペンを執る船乗りでもあった。アナポリスの若い教官時代にはシーマンシップのテキストを書き、ニューヨーク商船学校創立のに際は議会への提出法案の草稿も書いている。

海軍兵学校の上級機関としての海軍機能、海軍戦略、海軍方針等の研究組織設立は、南北戦争当時からルースの夢だった。ルースが海軍大学校の創設を考えたのは、海軍士官のレベルアップだったのはもちろんだが、将来大規模になるであろう米海軍のための基本研究機関という考えもあった。兵器の科学的、技術的発達のための機関でなく、戦争に関する技量《アート》・原理《プリンシプル》・戦略《ストラテジー》を研究する、世界にまだ例のない研究機関の創設であった。

当時、米国産業の急速な発展による海外市場への進出、海岸防衛施設の弱体問題、米国の地位向上に伴う国威発揚といったことから海軍増強論が大きくなりつつあった。しかし、どのような海軍を作るのか、海軍の目的、その運用方法については、議会でも多くの議論があり、合意点がなかった。海軍増強方針や海軍戦略についても国家としての合意がなく、軍艦建造プログラムにも支離滅裂な所があり、これらの研究機関としてルースは海軍大学校を考えたのであ

ルース提督

った。

当時、唯一の類似機関は英国グリニッチのロイヤル・ネーバル・カレッジだったが、この大学は中尉以下の初級士官や造兵技術者を対象とする極めてテクニカルなコースで、戦略とか戦術等には関係のない所だった。日本海軍の造艦権威であり、東京帝大工学部長や東京帝大総長を歴任した平賀譲は１９０８年、この英海軍大学校を卒業している。

１８８８年（明治21年）に開校された日本の海軍大学校の初期教科科目も英国のネーバル・カレッジを参考にしたためテクニカルな内容で、代数、三角術、幾何、物理といった兵学校の補習的なものが中心だった。

ルースは南北戦争終結後、兵学校に戻り、練習艦マケドニア艦長になって欧州方面に航海したが、この時の副長がマハン大尉だった。以降、ルースは生涯マハンの保護者的存在となる。

人格的に圭角が多く、しかも現役にもかかわらず華々しい文筆活動をしているマハンに反発する者が海軍部内では多かった。ある上級幹部は「海軍士官の仕事は本を書くことではない（It is not the business of a naval officer to write books）」と批判した。このような敵の多い状況の中で常に温かく保護の手を差し伸べたのがルースである。

１８７５年～１８７７年のハートフォード艦長時代、ルースは著名な史学家であったユープトン陸軍大佐や議会での海軍改革派のホイットニー下院議員と知り合うようになった。

１８８１年、准将昇進と併せて新設の練習艦隊司令官となり、海軍戦略・戦術の研究・研修機関の具体的構想を抱き始める。１８８３年には「ウオー・スクール（War School）」を書いて海軍協会誌に寄稿し、その後は主として『陸海軍ジャーナル（Army and Navy Journal）』誌を舞台として海軍大学校創設の必要性を訴える多くの論文を寄稿した。

ルースの頭にあった海軍大学校は、兵学校の過程を更に専門化した大学院コースで、①戦争を科学として研究すること、②兵器学、③国際法を三本柱とするものだった。海軍大学校の場所は、学術の中心地ボストンに近く、夏季にも涼しく、良港湾に臨んだロードアイランド州のニューポートが適地と考え、地元選出のオールドリッチ上院議員に近づき、議会内の協力者を作った。

海軍内の根強い反対を抑えて海軍大学校が開校

ルースのこのような海軍大学校設立の動きに対し、高級士官を陸の学校で育成出来るなぞ笑止の沙汰だとする声が海軍部内では強かった。ルースはあまりにも反対者が多いので、かつての上官で海軍の元老的存在だったポーター大将に援助を求めた。ポーターは昔の部下のために、チャンドラー海軍長官とルースとの会見のチャンスを作った。チャンドラーはやり手の政治家だったが、海軍内部の改革には熱心だった。ルースは数時間にわたって熱弁を振った。これに感銘を受けた長官は、海軍省の全局長を集めてルースに海軍大学校創設提案の説明をさせた。

しかし賛意を表したのは、海軍人事や海軍政策を担当するジョン・Ｇ・ウォーカー航海局長だけで、他の局長は何の意見も言わなかったが内心は反対だった。

ウォーカー航海局長はチャンドラー海軍長官を説得して、海軍大学校創設検討委員会を立ち上げた。検討委員会は何回かの会合を持ち、答申案が作成された。この答申書は、高級軍事教育に関する米国で最初の最もまとまった系統的レポートとして評価されている。その内容は、①海軍史の分析によって、戦争に関わる重要原理の研究、②国際法と外交の修学、③造兵学の修得（砲の製造、魚雷問題、電気工学、火薬関連の化学、装甲関係の金属工学等）が進言されていた。しかしこの三本柱の答申は、その後問題を残した。海戦史や戦略戦術が中心なのか、造艦・造兵の工学が中心なのか。初代校長ルース、二代目校長マハン、三代目校長グッドリッチはいずれも前者に重点を置いた。

ルースを中心とする海軍大学校創設検討委員会の答申を受けて、チャンドラー海軍長官は1884年10月、海軍大学校令を出し、初代校長に、この年少将に昇進して北大西洋艦隊司令官になっていたルースを任命した。米海軍最右翼の艦隊司令官から新設の海軍大学校校長への転任は左遷人事と見る人が多かったが、ルースにとっては念願のポストだった。ちなみに、海軍大学校設立に尽力したウォーカーはセオドア・ルーズベルトに力量を高く評価され、退官後もパナマ運河建設調査委員会の責任者としてパナマ運河問題に大きな貢献をした。

海軍大学校

２　マハン大佐を海軍史・海軍戦略教官として招く

孤立していたマハンの庇護者となったルース

ルースは心の広い人として知られた。一癖も二癖もある者をよく容れて特色を伸ばすのに努め、長所の芽を摘むことはしなかった。海軍部内で孤立しがちな不羈《ふき》狷介《けんかい》のマハンを常に保護する態度をとったのは、海軍次官から大統領になったセオドア・ルーズベルトと同じであった。ルースとセオドア・ルーズベルトがいなければ、マハンが世界的な海軍戦略家として大成することはなかっただろう。マハンを海軍大学校の講師に招聘し、その講義録を出版することを勧めたのもルースだった。後のことであるが、ウィリアム・S・シムズ（海軍大学校校長、第一次大戦中は欧州派遣米艦隊司令官）は頭が切れ過ぎ直截的な言動のため海軍部内では敵が多かったが、ルースはシムズをかばう発言や、行動をとった。

ルースが最重要視したのは海軍戦略で、その講師にマッキンゼー大尉を考えていたが固辞された。ルースはマハン中佐を思い出した。マハンはマケドニア艦長時代に副長としてよく補佐してくれたし、最近は南北戦争の海戦史『メキシコ湾と内部水路（*The Gulf and Inland Waters*）』（１８８３年刊行）の著作もある。当時、南米駐在の艦長だったマハンに「戦史・戦略科」教官になってほしいと手紙を出した。ボロ艦で退屈な南米駐在に飽き飽きしていたマハンは直ちに応諾の返事をした。

この南米駐在艦長時代、ペルーの首都リマの英人クラブの小さな図書館で、マハンはドイツ人古代史研究家テオドール・モムセンの『ローマ史』を読み大きなインスピレーションを受けた。ローマとカルタゴの間には3回に亘る戦役（ポエニ戦役）があったが、第二次ポエニ戦役では、勇将ハンニバル率いる象部隊を含むカルタゴ軍はスペインからピレネー山脈を越え、大河を筏で渡河し、地元蕃族の襲撃を迎え撃ちつつ、アルプス越えをし、イタリアに攻め込んだ。ローマの城壁近くまで迫ったが陥落できず、17年間も戦って遂に勝てなかった。その原因は、モムセンは書いていないのだが、西地中海の制海権をローマが握っていたからではないのか。カルタゴが地中海西部の制海権を持っていたならば、陸路はるばるピレネー越えをし、補給に苦しんで兵力を減耗させ、困難なアルプス越えなどすることなく、短時間で、兵力を失うことなく、ローマ近辺に上陸出来、食糧の補給に苦しむことなく、短時間のうちにローマに「城下の誓い」（屈辱的な降伏の約束）をさせていただろう。天才ナポレオンが16年間英国と戦って勝てなかった原因も英本土上陸のための制海権をナポレオンが握れなかったからではないか。従来の歴史家は海に疎く、戦争勝敗の原因追究に海上権力（シーパワー）関連要素に冷淡なのではなかろうか。このような考えが、マハンが後日『海上権力史論』を書く要因となった。

マハンがルースの後任の二代目校長に

１８８５年、海軍大佐に昇進したマハンは新設海軍大学校の「戦史・戦略科」教官となって帰国。翌年にはルースの後任の二代目校長となり、担当の講義は続けた。

１８７４年創刊の『米海軍協会誌（US Naval Institute Proceedings）』は、米海軍大学校が創設された１８８６年まで、戦略・戦術に関する論文を掲載したことは一度もなかったし、新設の海軍大学校にはテキストはもちろん、参考文献もほとんど揃っていなかった。創設された海軍大学校の教官として、また二代目校長としてマハンは一から始めなければならなかった。

マハンの研究に多くの示唆を与えたのはルースだが、それは過去の歴史上の事実からの原理の帰納であった。ルースやマハンにとって、過去の客観的事実の発掘だけでは充分でなかった。歴史の中に一貫して流れる普遍的法則ないし基本的原理を探り出すことが歴史の存在意義であると考え、海上戦闘、海上覇権の歴史を研究することにより、歴史の中に貫かれている基本的原理—海上戦略—を掘り出そうとした。

マハンは１８８７年のクラスの学生に次のように言った。

「歴史は経験の記録に過ぎないが、入念に研究すれば、戦争に至らしめた全ての要素は部分的に参考になるし、これを一つに総合すれば、これは諸君にとって最善の教師となるだろう」。

マハン

この講義をまとめて出版しようとマハンは考えたが、専門的過ぎると考える消極的出版社が多かった。紆余曲折の末、ボストンのリトル・ブラウン社から１８９０年に出版されたのが、海軍列強間に大きな反響を与えた『海上権力史論（*The Influence of Sea-Power upon History*）』であった。

3　他国の海軍大学校とは異なった特色

英日露といった海軍列強はすでに海軍大学校を持っていたにもかかわらず、米国の海軍大学校が高い評価を受けたのは何故か。各国の海軍大学校は兵学校の補充的なもの（数学や物理を教える）、工学的なもの（造艦、造兵の学習）、術科的なもの（砲術、水雷術）が混在し、目的が明快でなかった。これが一番重要なのだが、戦略・戦術・海軍史、そして国策と海軍の在り方まで研究・研修するという特色を持った世界最初の海軍大学校が米国で新たに創設された海軍大学校であったことだ。

ルースが設立した海軍大学校を世間に認めさせたのはマハンによる海軍史関連の著作だった。金を食う予算の面からも、数少ない海上勤務士官を海軍大学校に修学のため引き抜くことからも、海軍大学校存続に疑問を持っていたチャンドラー長官後任のハーバート海軍長官も、マハンの『海上権力史論』を読んで、「こんな良書が出るのなら、海軍大学校にあれくらいの予算を出すのは何でもない」と言ったと伝えられる。

この海軍大学校の存在を確固としたものに、リトル大尉が中心となって導入した海軍兵棋演習（Naval War Game）があった。これは、床上に敵味方軍艦の小型模型を並べて随時、移動対決させてその戦法の是非を論争し、指揮官としての戦術と決断力を養成しようとするものである。実際に軍艦を動かせての演習では莫大な費用と時間がかかるが、この兵棋演習では敵味方の模型を動かすだけ、しかも何回も繰り返すことが出来るという大きな利点があった。海軍列強は競ってこの海軍兵棋演習を自国の海軍大学校に導入した。当時、米国に留学中だった秋山真之大尉の強い要請によって、日本の海軍大学校でも導入された。

リトル大尉は、アナポリスでマハンより７期下。将来を嘱望された海軍士官だったが、事故で片目を失明して退官後、海軍大学校所在地のニューポートで悶々の日を送っていたのをルースに拾われた。ルースはミネソタ艦長時代の部下だったリトルを忘れていなかったのだ。リトルはその後、ほとんど報酬のない兵棋演習講師として終生を尽した。

後の章で説明する海軍作戦部長制度を導入する１９１５年まで米海軍は参謀本部的組織を作らなかったが、海軍大学校は長く参謀本部的機能を担って、仮想敵国との作戦計画や防衛計画を策定するようになった。外国の海軍士官の入学を許さなかったのはこのためである。秋山真之大尉は米国留学時代に米海軍大学校に入学を希望したものの断念した。

４　マハンの思想はどのように形成されたのか

父に「軍人向きでない」と言われたマハン少年

マハンは、１８４０年（阿片戦争翌年）９月27日、ニューヨーク市からハドソン川を50マイル溯った高台ウエストポイント（西の岬の意味あり）にある陸軍士官学校構内で生まれた。アイルランド移民の子だった父は同校卒業後、この学校の中心的講座であった土木工学の名物主任教授になり、戦略戦術の講座も担当した。マハンは南北戦争時の将軍達が教え子だった父を生涯誇りにした。

海洋少年冒険小説を読みふけったマハン少年は、海に憧れを持つようになり、ワシントン近くのメリーランド州の港町アナポリスにある海軍兵学校を希望するようになった。父は「お前は軍人向きでない。牧師とか教師とかの知的職業がいいのではないか」と言ったが、最後は許してくれた。マハンは後に「海軍に入ったことに後悔はしていないが、父の言葉は正しかったと思う」と述懐した。１８５９年に卒業。２年後の１８６１年に南北戦争が勃発。マハンはポカホンタス号に乗って、ポート・ローヤル攻略作戦に参加した。マハンが戦争を体験したのは、生涯でこの作戦だけであった。

明治維新直前の日本を見たマハン

その後、種々の経歴を積むが、27歳から30歳のほぼ３年間の体験が彼の思想に大きな影響を与えた。

１８６７年2月初め、軍艦イロコイ号の少佐副長としてニューヨークを出港し、大西洋を横断、南下してケープタウン、アラビア半島のアデン、インドのカルカッタ、シンガポール、香港を経由して長崎に着いたのは１８６７年（慶応3年、翌年に明治と改元）の暮れの12月７日だった。

米人の生命財産保護の目的で兵庫、新潟、箱館（現在の函館）、横浜に停泊して米国旗を翻した。日本にほぼ1年間滞在後、上海、台湾、香港、マニラへと航行し、再び横浜に戻った。

１８６９年（明治2年）９月27日、横浜から英客船に乗って帰国の途に就いたが、帰路は開通したばかりのスエズ運河を通り地中海からマルセイユに上陸、そして英国に渡り、リバプールから大西洋を横断して３年３か月ぶりにニューヨークに帰った。

往路と帰路の2回世界一周を体験したことは、青年マハンにとって大きな経験となった。西欧列強はアフリカ、アラビア、インド、東南アジア、支那大陸へと帝国主義的進出を競っていた。当時、有力な学説だったダーウィンの進化論の中心的考えである「適者生存（弱肉強食）」が世界で繰り広げられているのをマハンは自分の目で見ている。世界各地に植民地を持ち、この植民地と本国との間の世界海上交通路の要衝を押え、ここに基地を設けると共に、強力な海軍力で自国の商船隊を保護し、植民地の富を本国に運び、文字通り「大英帝国に日没なし（British Empire has no sunset）」の栄華を極めていたのが英国だ。この現状を見たマハンは、米国の将来の繁栄のためには、大英帝国の歴史に学ばなければならないと実感した。

慶応4年（１８６８年。この年9月8日に明治と改元）１月３日に鳥羽伏見の戦いが始まり、殷々たる砲声が大坂城まで届いた。鳥羽伏見の戦いに敗れた将軍徳川慶喜は僅かの近習と会津藩主松平容保、老中板倉勝静、大目付永井尚志等を連れて夜半大坂城を抜け出し、川船を利用して大坂湾にいた幕府軍艦開陽丸に逃げ込もうとした。しかし暗夜のこととて開陽丸がどこにいるか分らず、近くに停泊していた米艦を頼って夜の空けるのを待つことにした。米艦艦長は快諾し、酒肴を出して応対し、夜が明けると開陽丸の存在が判明したので、ボートで開陽丸まで送った。

大坂湾に停泊していたこの米艦がマハン副長のイロコイ号で、艦長はイングリッシュ中佐だった。この辺のことは、マハンが母に出した手紙（１８６８年2月20日付）が１９９７年に公刊（*Letters and Papers of Alfred Thayer Mahan*, I,II,III, edited by Robert Seager II, US Naval Inst. Press, 1997）されたことにより判明することとなった。

マハンは徳川慶喜のことを「極めて身分の高い将校」と書いている。また、この日付の母への手紙の中には、「(鳥羽伏見の戦いの後の）ヒョーゴ（現在の神戸）の街はチョーシューとサツマの兵士で溢れている」、「日本の頭領《ヘッド》は、名目上ながら精神上の皇帝であるミカドで、タイクーン（将軍）の権威はミカドに由来しています。サツマとチョーシューはまんまと企んで18歳の少年であるミカドを完全に彼等のコントロール下に置き、彼等がミカドの代表者のように振る舞っています。タイクーンは謀叛の渦中にあることを知りました。サツマとチョーシューが出す命令にはミカドがサインしています」という記述がある。

マハンの情報収集力と洞察力の正しさには舌を巻く。既に28歳のマハン少佐に、後の海軍戦略家、外交戦略家の資質があったことが窺える。

５　マハンの思想は世界にどんな影響を与えたか

『海上権力史論』とはどのような本か

マハンは『海上権力史論』で、「海を制する者は、海上交通線を確保することにより、世界の富を壟断し、その影響力によって世界を制す」と喝破した。これは、１３０年余を経た現在でも通用する意味を持っている。

時代に関係なく存在価値を持っているのが古典であるが、その成立には、時代背景と著者の個性、経歴が大きく影響していて、『海上権力史論』も例外でない。

時代背景としては、「七つの海の支配者」、「日の没する所なし」と豪語した大英帝国の絶頂期に陰りが誰の目にもはっきりし始め、米国は工業生産高が世界一となるとともに、国内のフロンティアが消滅して、太平洋に向かって進む海のフロンティア時代が始まる時期に『海上権力史論』は出版された。ドイツのウィルヘルム２世が海上進出に野心を抱き始めたのもこの頃であり、日本も清国、ロシアに備えて海軍増強が必須とされた時代であった。

１８９０年5月、『海上権力史論』が一冊4ドルで発売された。当時の工員の日給が1ドルくらいだったから、普通の人には手の届かぬ本であった。

なお、『海上権力史論』に関して、北村謙一氏は次のように述べている（『海上権力史論』北村謙一訳、原書房、２００８年）。

「本書は、多くの民族が海洋を適切に利用するか否かによって、興廃いずれかの道をたどった経過を示す記録である。海外に広大な植民地を所有していたスペイン、世界貿易海運を一手に牛耳っていたオランダが、いかにして衰亡していったか。フランスがいかにして、せっかくの海外発展の芽を自ら摘んでいったか。イギリスがいかにして苦難を越えて七つの海を支配するに至ったか（を記述している）」

「これまでのアメリカの海外進出と海軍の発展に本書は大きな影響を及ぼし、また自国の発展を海洋上に求めなければならないよう運命づけられている国（筆者注：日本はその典型）に今なお貴重な示唆を与えている」

マハンは「著者序」で、本書は従来の歴史書と異なる点、すなわちシーパワーの争奪という点から見た歴史書であるとし、緒論で時代の経過で変わらぬ海軍戦略というものがあることを示し、第1章で歴史に影響を与えたシーパワーの一般的要素を説明し、まず、海洋は偉大な公路という視点を述べる。海洋が政治的、社会的見地から最も重要で明白な点は、それが一大公路、広大な公有地だとし、その上を通って人々はあらゆる方向に行くことができる、とする。次に陸路に対する海上輸送の有利を説き、海軍は通商保護のために存在する、と海軍の存在意義を示す。

続いて、安全な海港に依存する植民地との通商について論じ、シーパワーの連鎖の環（生産、海運、植民地）について説明し、シーパワーに及ぼす一般条件を、

①地理的位置：その国の位置が海洋交通にとって、優位な地点にあるかどうか。

②自然的形態：良港湾を多数もっているかどうか。
③領土の範囲：シーパワーの発展に考察すべきは、国が占めている総面積ではなく、海岸線の長さであり、その港湾の特性である。
④住民の数：単に総数ではなく、海上業務にする者、少なくともすぐに艦船勤務に使用できる者及び海軍用資材の建造に使用可能な者の数。
⑤国民性。
⑥政府の性格：英蘭仏の政府の採ってきた政策。
としてこれを分析し、シーパワーへの影響を論じている。

マハンは１８９６年に56歳で退役。退役後は『ファラガット提督伝』や『ネルソン伝』などを出版し、多くの時事論文を新聞、雑誌で発表し、米国史学協会会長にもなった。カリフォルニアで起こり米国内に広がった日系人移民排斥運動は日本人を憤激させ、太平洋戦争の大きな原因となったのだが、マハンは日本人移民排斥を強く主張する黄禍論の論客として、米国世論をリードしようとした。

１９０６年、議会は南北戦争に参戦した退役軍人の階級昇進を認め、マハンは退役海軍少将となる。第一次大戦が始まった年の１９１４年12月に死去。享年74。

トレーシー海軍長官は国外進出の外洋海軍を重視

『海上権力史論』が刊行された当時の米海軍長官は、ハリソン大統領の閣僚として１８８９

年から4年間海軍長官を務め、米近代海軍の父と言われたベンジャミン・F・トレーシーだった。トレーシー長官は、1890年の年次報告で、従来の米海軍の在り方の変更を以下のように述べているが、これはマハンの考えと同じであった。

この年次報告書作成にマハンが参画したかどうかは明確ではないが、狷介で人物論評に厳しいにもかかわらず、マハンはトレーシー長官を高く評価していた。長官が海軍大学校の校長だったマハンの意見を聞いたことは充分考えられる。

①米海軍の兵力は、海軍列強はもとより、オランダ、スペイン、トルコ、スウェーデンの海軍より劣っている。

②従来の米海軍の伝統的考えである、○沿岸防衛専用のモニター艦（外洋航行不適）中心、○海港要塞重視、○敵国通商破壊のための高速巡洋艦重視、といった考えを捨てて、外洋航行用の装甲戦艦中心に改めるべきである。

マハンの考えも、トレーシー海軍長官の考えも、従来の内向きの沿岸防衛用海軍から、国外進出の外洋海軍へというものであった。これは、陸のフロンティアが消滅し、太平洋を西進する海のフロンティアが始まったことを示すもので、その理論的根拠を与えたのがマハンであった。

マハンの信奉者となった二人のルーズベルト

『海上権力史論』が出版された1890年以降、マハンとセオドア・ルーズベルトは、密接な交流を続け、二人の関係に関して、米国の歴史家は次のように言った。

「(マハンは) ルーズベルトに (シーパワー関連で) 強力で比類のない影響を与えた」

「この精力的な二人は海軍関連のみならず、国家生存関連のことまで考えが一致していた。外交政策、海外進出、海軍行政、軍縮や国際仲裁機関問題でもほとんど同じ見解を持っていた」

「新しい海軍建設と、これの効率的戦力化、外交に関して (ルーズベルトは) 確信的なマハンの信奉者だった」

「(ルーズベルトをはじめとする海外進出論者は) 貪るようにマハンの考えを取り入れ、マハンを彼等のスポークスマンとした」

マハンが『海上権力史論』を書いた時代の米国海軍は、オランダ、スペイン、トルコ、スウェーデンの海軍より劣っている状況だったが、セオドア・ルーズベルト大統領の大増強政策で英国に次ぐ大海軍国となり、フランクリン・ルーズベルト大統領の時代に世界に冠たる海軍国になった。

太平洋戦争中の大統領だったフランクリン・ルーズベルトは30歳代前半に海軍次官となり、8年間の長期間海軍次官のポストにあった。第一次大戦も海軍次官として乗り切ったこともあって、海軍に関しては誰よりも知悉しているとの思いが強く、大統領になってからは米海軍の大独裁者となって、海軍主要人事や海軍政策をリードした。『海上権力史論』が出版された時、フランクリンはグロートン高校に在学中で、早速買って読みマハン信奉者となった。アナポリスの海軍兵学校を希望したが、祖父くらいの老齢だった父の反対でハーバード大学に進んでいる。フランクリンの海軍次官時代、マハンに意見を求めたこともあるが、マハンは第一次大戦中の、まだ米国が中立であった時期の1915年に亡くなっている。

ウィルヘルム2世

マハンを歓待したドイツ皇帝

ドイツ皇帝ウィルヘルム2世は、母がビクトリア英女王の長女だったこともあって英語が読めた。彼は貪るように『海上権力史論』を読んだ。感銘と刺激を受けた皇帝は、直ちにドイツ語翻訳を行わせ、ドイツ艦と公立図書館には必ず一冊備えるよう命じ、「ドイツの将来は海上にあり！」と叫ぶようになった。

後に、マハンが英国を訪れた際に大歓迎をうけたが、この時、ウィルヘルム2世も母の国英国を訪れていて、皇帝用ヨット「ホーエンツオルレン」にマハンを招いて歓待している。マハンの影響を受けた皇帝は、ティルピッツを20年もの長期間海相に据えて大海軍建設に邁進した。このウィルヘルム2世の世界制覇の野心によって第一次大戦が起こったのである。春秋の筆法を以てすれば、マハンがこの大戦を引き起こしたとも言える。

大きな影響を受けた日本海軍

日本海軍は、マハンを海軍大学校に招聘しようとしたが実現しなかった。海軍作戦部が19

１５年に創設されるまで、米海軍大学は作戦研究樹立機関であり、マハンは二度にわたり海軍大学校長を務めていたため米海軍の機密を知っていることもその理由の一つであった

マハンに影響を受けた日本人としてまず挙げられるのは、日本海海戦時、東郷平八郎聯合艦隊長官の先任参謀だった秋山真之である。秋山は米国海軍大学校入学を希望したが叶わず、マハンに直接会って意見を聞いたことを海軍兵学校二期先輩の竹下勇大尉（鹿児島出身。後に第26代聯合艦隊長官。大将）に次のように伝えている。

「小生当国海軍大学校入校の件は同校にて仮想敵国に対する作戦計画または海岸防御等の重要なる講究有之、其成案は当国国防の正案と相成候為め、規定として外国士官の入校真に六ケ敷、已に独逸、瑞典等の海軍将校も謝絶されし先例有之、小生も今日迄諸方面より裏面運動も試申候得共、到底許可を得る事不相叶候。

然しマハン大佐の助言に依れば、戦略戦術を研究せんと欲せば、海軍大学校僅々数カ月の過程にて事足るものにあらず、必ず能く古今海陸戦史を渉猟して其成敗の因て起る所以を討究し、又欧米諸大家の名論卓説を読味して其要領を収容し、以て自家独得の本領を養成するを要すと。誠に適切なる助言にて、小生愚見の存する処も、亦此処に不外候」（明治31年1月15日付）

また、先輩の山屋他人（盛岡出身。後に第24代聯合艦隊長官。大将）には、マハン大佐に関する自分の考えを次のように伝えた。

「又貴問マハン大佐の人物評に就ては前便に申上候如く、小生は一から十迄は大佐の所説

に敬服致さず候得共、其言行に依りて察するに大佐は哲学的頭脳に論理的思考を加味したる神経質の兵学者にして米国人には真に珍しき精神家（筆者注：理想家肌との意味か）と見受候。故に其所論往々過密多岐に亘るるの弊あること彼の権力史論（『海上権力史論』）を読みても知らる可く、併し今日のマハン大佐は権力史論世に出でたる当時のマハン氏より遥かに見識も理想も高まりて、其所説の見るべきもの不少。且大佐が斯学の為め終始倦むことなく常に筆を採りて措かざる根気には少壮の吾人にも到底及ばざる処と感服致候」。

「兎に角、此人一定の用兵主義と国家的大野心（筆者注：米国の大海軍国化と海外進出）を抱蔵致居れば中々以て油断のならぬ老爺と小生は看破致居候」。

秋山は米国留学中、彼の所見メモ「天剣録」に、ここ数年間に日本海軍が徐々に世界に認められてきているのを感じていたことを記している。当時、秋山が見たブラッセーの『海軍年鑑』（1899年）には、「ここ数年、世界では日本が海軍列強の一員になったこと以外に目立つことはなかった」と、日本海軍の記述があった。

日本へのマハンの影響力は大きかった。『海上権力史論』が最初に翻訳されたのは『太平洋海権論』（水上梅彦訳）で、セオドア・ルーズベルトとハーバードで同級だった金子堅太郎が序文を書き、川流堂から1899年に出版されている。

日本海海戦勝利後、東郷平八郎司令長官により「聯合艦隊解散の辞」が訓示された。これは秋山真之先任参謀が一気に書き上げたものと言われるが、次のようにマハン戦略思想が色濃く出ている。

「時の平戦を問はず、先づ外衝に立つべき海軍が常に其の武力を海洋に保全し、一朝緩急に応ずるの覚悟あるを要す」

「昔者、神功皇后三韓を征服し給ひし以来、韓国は四百余年、我が統理の下にありしが、一たび海軍の廃頽するや忽ち之を失ひ、又近世に入り徳川幕府は治世に狃れて兵備を懈れば、挙国米艦数隻の応対に苦み、露艦亦千島、樺太を覬覦《きゆ》するも之と抗争すること能はざるに至れり」

「翻りて之を西史に見るに、十九世紀の初めに当たり、ナイル及トラファルガー等に勝ちたる英国海軍は祖国を泰山の安きに置きたるのみならず、爾来後進相襲て能く其の武力を保有し、世運の進歩に送れざりしかば、今に至る迄、永く其の国利を擁護し、国権を伸張するを得たり」。

日本の海軍大学校が破格の高給を用意してマハンを講師として招こうとしたのは、日本海軍がマハンをいかに高く評価していたかを示すものであろう。

米国の軍事外交戦略に大きな影響を与えたマハンは１９１１年（明治44年）10月には『海軍戦略（*Naval Strategy*）』を刊行した。マハンが死去して17年後、フランクリン・ルーズベルトが大統領に就任する前年の昭和７年（１９３２年）４月、日本海軍の海軍軍令部は『海軍戦略』を翻訳出版し、日本海軍士官の戦略研究資料として有益なりと推薦している。

この日本語訳の序に次のような記述があるのに留意すべきである。

「戦略と政略との密接なる関係を明にし、海軍士官として其の職責を全うする為には常に国家の権益と国際関係との相関的情勢を注視研究するの要ある所以を教ふ。今や彼（マハン）の思想は獨り米国海軍に貫通するに止まらず、戦略と政略との併進に関して陰に米国一般官民を指導しつつあるの事実は、米国海軍政策並びに其の二大国策たるモンロー主義、門戸開放主義に照らして明瞭なり。是本書が我が海軍士官の戦略研究資料として特に興味あり且有益なりとする所以なり。昭和7年4月　海軍軍令部」（『アルフレッド・マハン『海軍戦略』』海軍軍令部（尾崎主税）訳、原書房、1978年）

ソ連への影響

第二次大戦後、ソ連はランドパワー大国だけでは満足できず、シーパワー大国たらんとした。これを指導したのが20年間以上、ソ連海軍のトップとして君臨したゴルシコフ元帥である。ゴルシコフには『ソ連海軍戦略』（宮内邦子訳、原書房）の著作があるが、この書にはマハンの『海上権力史論』の、海を制する者が世界を制するとの考えの強い影響が読み取れる。ゴルシコフの『ソ連海軍戦略』の根底に流れる思想は、次のようにレーニンのイデオロギーを海軍理論に組み込んだものだった。

「政治は叡智であり、戦争は単なる手段に過ぎない。その逆ではない。従って軍事的観点は政治的観点に従属するのみである」

「平時の海軍は国家の政治・軍事・外交の交渉力の一部である」

「海軍は軍事力の一種であり、海上での武力戦の手段であるが、同時に平時の国家の政治の道具の重要な役割を果たす」

「海軍は機動性の高さと艦艇の自主性とによって平時に国家の経済力と軍事力を海外でデモンストレーション出来る」

「ソ連の軍事力は海軍を含めてソ連の政治の道具であり、ソ連の経済力の高さの象徴としてソ連の国際的威信の強化に重要な貢献を果たす」

米ソ対立が厳しかった時代の大統領ニクソンは米ソ海軍力のバランス、ソ連海軍の能力を重視し、シャフェ海軍長官が強く推すズンワルトを先任者33人を飛び越えて海軍のトップ（海軍作戦部長）に任命した。ズンワルトはゴルシコフをソ連海軍のマハンだとして『ソ連海軍戦略』やゴルシコフの諸論文を英訳させて海軍大学校のテキストとして使用させている。ソ連は膨大な海軍増強予算に堪えかねて崩壊した。

現代中国もランドパワー大国だけに満足できず、シーパワー大国の野心があるのは最近の航空母艦建造や、南シナ海、東シナ海方面での行動で明らかである。中国のこのような動きに対して、日本はどう対処すべきか。『海上権力史論』は今もその存在意義を有している。

6　マハンは黄禍論者だった

ハワイ併合問題が起こった時、ルーズベルトは、太平洋航路の要衝ハワイが米国の太平洋西進にいかに重要であるかを訴える手紙を関心の薄い上院議員達に書くようにマハンに依頼した。米西戦争直前の１８９８年３月にはマッキンリー大統領に会ってハワイ領有に関するマハンの手紙を読み上げたりもしているし、スペインと戦争になった場合の海軍省作戦案についてマハンに海軍次官としてのコメントを求めていた。その後もマハンは支那問題や日露戦争後のカリフォルニアへの日本人移民問題に関する書簡をしばしばルーズベルトに送っている。

ハワイ王国内で少数の白人住民が有色人の王制を廃止しようとする革命運動を起こすと、直ちにホノルルに停泊していた米軍艦から海兵隊が上陸し、１８９３年１月、武力で王政を打倒した。新たに１８９３年に設立された白人主導のハワイ共和国は米国による吸収・合併を求めていた時期に、かねてから太平洋におけるハワイの地政学的重要性に注目していたマハンは、ハワイの革命騒ぎと人種問題に関してコメントした小論をニューヨーク・タイムズに寄稿し、１８９３年2月１日付で掲載された。

マハン小論の内容は、次のようなものである。

○米国の実質的コントロール下にあるハワイ諸島に何万人という黄色人種移民が、既になだれ込んでいる。
○太平洋を越えて大量の黄色人移民が米国西海岸に入ってくるのを防がなければならない。
○米国によるハワイ併合が必要だ。
○併合は、欧州列強の強い関心を招き、列強との間に戦争があるかも知れない。
○そのためには、海軍の大増強が必要だ。我々はその準備が出来ているだろうか。

〇野蛮な黄色人種の流れをせきとめるためには、文明海洋国によるハワイ獲得が必要だ。

マハンは野蛮な黄色人種とぼかしているが、実際にハワイ移民の大多数は日本人だから、これは日本人を指していることは明白だった。結局、ハワイ革命は１８９３年１月に成就し、成立した白人主導の共和国政府は米国による併合を望み、１８９８年７月に米国に併合されることになる。マハンは終生、日本人移民がカリフォルニアに流入するのに反対した。「このまま、日本人移民が入って来れば、ロッキー山脈より西は日本人のものになってしまう。そうなるくらいなら、明日にでも日本と戦争だ」と英国の友人に書き送っている。また、「米国は黒人問題を抱えている。そのうえに黄色人問題を抱えることに国民は疑問を持っている」「日本人は顔かたちが我々白人とはっきり異なるうえ、日本人の剛健な資質をアメリカが同化することは難しい」とロンドン・タイムズ紙に寄稿した。

マハンは黄禍論者（Yellow Peril）だったことを知るべきである。

第3章

❖

世界第二位の海軍力に育てた
セオドア・ルーズベルト

1　ルーズベルト家の家系

米国の指導的上層部は建国以来、ワスプ（ＷＡＳＰ：アングロサクソン系でプロテスタント）と俗称されている人々であった。ルーズベルト家はアングロサクソン系ではなくオランダ系で、その歴史を見ると、勤勉で貨殖の才に長けたオランダ人の特色を感じる。

米国に渡った始祖以来オランダ血筋であったが、セオドアもフランクリンも、祖父や父の代に英国人の血が入っている。ここで、ルーズベルト家の家系を簡単に説明しておく。

ルーズベルト家始祖は、オランダのハーレム地方から１６４９年に新大陸のニュー・アムステルダム（後のニューヨーク）に渡ったクラエス・マルテンセン・ローゼンベルト。クラエスはマンハッタン島のイーストサイドに48エーカーの土地を買い、農業を始めた。これだけの土地を購入できるだけの金を持っていたのだから、文無しの食い詰めで新大陸に渡った人ではなかった。

ルーズベルト家の二代目はこの地で１６５８年に生れたニコラス。農業のかたわら、ハドソン川を溯って原住民と毛皮交易をし、製粉小屋を作って製粉業もやった。１７１９年には市会議員にもなった。

米国生まれのニコラスはオランダ名のローゼンベルト（Rosenvelt、「薔薇の野」の意味あり）を英国風にルーズベルト（Roosevelt）と改めた。欧州大陸からの移民者の中には名前を英国風に改名する者が少なくなかったのだ。

ニコラスには長男ヨハネスと次男ジェームズの二人の息子がいた。この二人から家が分かれた。いずれも、ニューヨークを本拠としたが、やがて、ヨハネスの家はニューヨーク市郊外ロングアイランド島のオイスターベイに、ジェームズの家はハドソン川上流のハイドパーク村に本拠を移していった。両家はオイスターベイ・ルーズベルト家、ハドソン川・ルーズベルト家と言われるようになる。政治的には、代々、前者は共和党、後者は民主党だった。

オイスターベイ家の始祖にあたるヨハネスから数えて五代目がセオドア・ルーズベルトで、ハドソン川家の始祖ジェームズから数えて五代目がフランクリン・ルーズベルトである。

ここで、巷間、誤って語られることの少なくない点を2点あげておく。

ひとつは、セオドアとフランクリンを従兄弟《いとこ》と記すものがあることだ。これは、米国文献にcousin と書かれるのが原因だろう。英語で男の縁者を cousin と言う。しかし、正確に言うなら、1st cousin, 2nd cousin, 3id cousin と区別する。日本語の従兄弟は 1st cousin だ。フランクリンがウィルソン内閣の海軍次官に任命された時、新聞記者から「元大統領セオドア・ルーズベルトの一族ですか」と問われ、「はい。遠縁です（Yes, distantly）」と応えている。正確に言うと、二人の間柄は 5th cousin の遠縁である。

もうひとつは、日本の文献に両者が海軍次官補の経歴があると記していることである。これは誤りで、二人とも海軍ナンバー２の次官だったことを指摘しておきたい。

2　念願の海軍次官になるまで

セオドアは１８５８年（安政5年）10月27日、ニューヨーク市に生れた。ジョージア州の大農園主の出である母は、当然南部に深い思いがあり、南軍勝利の報を聞くと、ニューヨーク市内の自宅の自室に南軍旗を掲げた。母の兄弟二人は南北戦争時には南軍の海軍士官になった。母から毎日のように船の話、軍艦の話を聞いた。幼い頃、母から繰り返し聞いた船の話や伯父達の勇ましい海戦の話は、セオドアの海軍への関心を高めさせた。

資産家の父は、欧州からのガラスの輸入業をやり、後に銀行業に携わった。南北戦争時には、多くの財産家がそうであったように、徴兵には代理人を雇って自ら軍服を着ることはなかった。尊敬する父が徴兵を避け、戦場で戦わなかったことは幼いセオドアに罪の意識を生じさせた。青年になって何よりも「男らしさ（manly）」を美徳の第一に挙げ、「勇敢さ」を最も尊び、常に危険な場に臨もうとする傾向があったのは、これが原因の一つであったと指摘する人もいる。

１８８０年にハーバード大学を卒業。卒業後はコロンビア法律学校に学び、ハーバード時代から執筆を進めていた第二次米英戦争の海戦を分析した『１８１２年の海戦（*The Naval War of 1812*）』を出版。また、ニューヨーク州議員選挙に立候補して当選。議会の会期中はハドソン川上流の州都アルバーニに住んだ。

この時代、50歳の母と22歳の新妻を流行病で一夜で失った。何よりも「男らしい」という言葉を好んだセオドアは、涙を見せたり、家に籠ったり、悄然とした態度を見せることはなかった。厳しい自然と孤独の中で自分を鍛え直そうと思った。西部辺境ダコタにはセオドアが所有する広大な牧場があった。知人に経営を委ねていたこの牧場へ行く途中、一人で山中に入り、狩猟をしながら、47日間も零下20度になる夜を野営して過ごしたこともあった。牧場ではカウボーイの先頭に立って、乗馬で1日100マイル動いたり、一晩中、馬に乗って夜警もした。保安官補に任命され、お尋ね者を追ったこともある。後に、「(西部の) ノースダコタでの生活がなかったならば大統領には決してなれなかっただろう」と回想している。

28歳でニューヨーク市長選挙に出たが落選。その後、共和党大統領候補ベンジャミン・ハリソンを応援し各地を回って演説した。ハリソンが当選すると、猟官運動を行い国務次官をねらったが不首尾に終わった。マハンの『海上権力史論』が出版された1890年、セオドア・ルーズベルトは32歳の政府高官の行政監察委員、マハンは50歳の海軍大学校校長だった。

セオドア・
ルーズベルト

1896年の大統領選挙では、共和党マッキンリー候補のために応援演説で全国を回った。マッキンリーが大統領に当選すると、1897年4月に望んでいた海軍次官のポストを得た。幼少の頃よりセオドアの心の底には船や軍艦への思いが深く刻み込まれていたから、会心のポストだった。後に回想録に「大学時代、

『数学か言語学関係へ進んではどうか』という教師もいたが、私の心の中は海戦の船のことで一杯だった」と書いている。

海軍次官に就任してから2か月半後には、海軍大学校に出向いて次のような大演説をぶった。これは、以降の彼の行動に一貫して流れた思想と言ってよかった。

○美事で天晴れな民族は全て戦う民族だった。

○外交には背景に武力がなければ全く無用のものになる。外交は戦士の主人ではなく、使用人だ。

○物質的享楽・安易よりも高貴なものがある。戦うと共に、戦いへの準備を通して国家は最上の偉大さを得る。

○戦争に訴える、あるいは血と財産と涙を出すという必要性が生じた時、これをやらず名誉と名声を失う国は国家としての価値がない。故に我々は偉大な海軍を求める。

セオドア・ルーズベルトにとって、前年に清国を打ち破った日本人は戦士としての全ての美徳を持っている賞賛すべき民族だったし、「軍人らしい美点こそ全ての資質の中で最も価値あるものだ」と考えるルーズベルトにとって、サムライ後裔《こうえい》の日本軍人は称賛の的だった。

また、「偉大な民族は全て戦闘を好む民族だった」とする彼にとって、日清戦争、北清事変、日露戦争で示した日本人の戦いぶりと勇敢さには舌を巻いてきた。日本人は支那人はじめ他の遅れたアジア人とは全く違う民族だと考え、その戦闘能力を高く評価し、支那人を軽蔑した。

ちなみに、遠縁のフランクリン・ルーズベルトは支那大陸で少女時代を過ごした母親の影響もあって支那贔屓で、日本嫌いであった。

１８９８年、米西戦争が勃発すると、ルーズベルトは海軍次官のポストをなげうち、義勇騎兵隊（荒馬乗り：Rough Riders）を募集・創設して、陸軍中佐の騎兵隊長としてキューバでスペイン軍と戦った。

３　マッキンリー大統領暗殺により史上最年少の大統領に

キューバから凱旋し、英雄となったセオドア・ルーズベルトはニューヨーク州知事に選ばれた。

１９００年の大統領選挙で共和党は再びマッキンリーを大統領候補に選んだ。マッキンリーはニューヨーク州知事のセオドア・ルーズベルトを副大統領候補に選んだ。キューバで義勇騎兵隊を率いてスペイン軍と戦ったルーズベルトの国民的知名度は高く、大統領選挙に勝利した。ルーズベルトを大統領にするのに執念を燃やす友人のロッジ上院議員が州知事を２期目指すよりも大統領になる近道として副大統領候補になることを承諾させたのだ。

大統領に再選後、パンアメリカン博覧会開会式のためニューヨーク州バッファローを訪れたマッキンリーは、ポーランド移民のアナーキストに撃たれて１９０１年２日後の９月14日に死去した。これ以後、大統領身辺には正式のシークレットサービスの護衛が付くようになった。

マッキンリーが暗殺されたことにより、副大統領のルーズベルトは米史上最年少で大統領になった。42歳と322日であった。

米国は建国以来、西へ西へと進む歴史を歩んできた。西部の広大なフロンティアの存在は米国史の特徴のひとつである。メキシコとの戦争（米墨戦争：1896年～1898年）の結果、カリフォルニアなどを米国の領土にして太平洋岸に至った。陸地をこれ以上、西に進むことは出来ない。陸のフロンティアの消滅を以て米国史の第一期は終了する。

第二期は、海のフロンティアへの膨張すなわち、太平洋をアジアに向かって西進することだった。海のフロンティアへの膨張——海外進出と海軍は切り離せない。

1880年代に米国は世界一の工業国になり、それからの20年間で1000万人の移民が主として東欧、南欧から流入した。この時代、米国の海外進出を強力に推し進めたのがセオドア・ルーズベルトだった。

4　海軍力の大増強を図る

米国の隆盛に海軍力の増大が不可欠と信じるルーズベルトは海軍の増強に邁進した。1901年に大統領に就任すると、新鋭戦艦10隻、装甲巡洋艦4隻、その他17隻の艦船建造計画を議会の了承の下に発足させた。海軍予算は大統領就任の1901年の8500万ドルから、再選の年1905年には、2倍以上の1億1800万ドルまで増やした。

アナポリス海軍兵学校入学者の数も大幅に増やした。ちなみに、ルーズベルトが大統領になる前に入学した1901年卒業生は67名で、その後も大体60名程度だったが、1901年入学者が卒業する1905年は114名、1906年は116名、1907年は209名、1908年は201名と、二倍、三倍となった。これらの卒業生たちが太平洋戦争時、米海軍を率いたのだ。

1898年当時、世界で5位ないし6位だった海軍力は、ルーズベルトが大統領になって3年後の1904年には英海軍に次いで2位となる。英海軍と同戦力となったのは、第一次大戦後の1922年のワシントン海軍条約時からだ。

ルーズベルトは、個性が強く周囲からの嫌われ者であっても、自らの職務を人一倍深く研究し直言して憚《はばか》らぬ剛直の士を受け入れ、活用しようとした。つまり、器が大きいのである。これは、海軍大学校創設者のルース提督と似ていた。

このルーズベルトに最も影響力のあった人のひとりがマハンだった。狷介《けんかい》な性格で上官と衝突することが多く、政治色濃厚な論文を次々に発表して上層部の眉を顰《ひそ》めさせたりしていたマハンの守護役、後見人役を買って出て、自分の海軍政策、外交政策の広報係として活用したのがルーズベルトである。ルーズベルトは米国史上、海軍に最も関心を示した大統領であり、海軍の育成に尽力し、外交にも海軍を最も利用した大統領であった。

他の民主主義国もそうだが、米国では一般大衆の世論の影響力が大きい。政治家は一般大衆を無視出来ないのだ。また、議会の動きにも大きく左右される。海軍増強に関する大衆の啓蒙にマハンのペンの力は大きかった。

5 アジアで台頭する日本への警戒感

米国のハワイ併合に日本は激しく抗議したが、結局承認せざるを得なかった。日本としては北方からのロシアの南下への対処のほうが重要だったのだ。

支那大陸への経済的進出を狙う米国は1899年9月、国務長官ジョン・ヘイの名で、①領土保全、②門戸開放、③機会均等の三原則を柱とする「門戸開放宣言」を列強に提唱した。関税、港湾使用料、鉄道利用権、運輸規定等を平等とし、資本主義をベースとした競争条件下で、列強各国の特定権益地域への米国の参入容認を求めたものであった。

1900年、義和団の乱が起こった。白蓮教系の宗教を信奉する秘密結社義和団は、前年、前々年頃から「扶清滅洋」のスローガンを掲げ、外国人や外資の排斥、キリスト教会の破壊を行ってきたが、山東省省長・袁世凱の弾圧により、運動は天津、北京へと向かった。北京に入った義和団は外国人に数々の乱暴を働き、外国公使館地域を包囲した。米国は2500人の陸軍と海兵隊をフィリピンから派遣した。フィリピンは東アジア市場参入のための要石の役割を早くも果たすこととなった。

義和団の乱（北清事変）では、英米日独仏伊露の７ヵ国が出兵した。ルーズベルトは入手できる限りの情報で、７ヵ国の軍隊の軍紀、勇敢さ、廉潔さを判断した。伊軍と仏軍が最低だった。紀律と戦闘能力のいずれも日本軍が最も優れていた。ちなみに、１９０２年の夏、欧米を巡っていた渋沢栄一は、ホワイトハウスでルーズベルトと会見の機会を得た。ルーズベルトは、日本美術の優秀性と日本の軍備充実を称賛し、特に北清事変での日本軍の勇敢と紀律の厳正、廉潔を褒め讃えた。

１９００年７月、ヘイ国務長官は第二回の「門戸開放宣言」を行った。この乱を口実に列強の清国蚕食が更に進むのを恐れたのが原因だった。第一回宣言を更に進め、満洲族による清朝の支那支配を認め、支那大陸全土での均等な通商機会を求めたのである。

日清戦争、北清事変を経て、ルーズベルトの日本への評価は高いものになった。シュテルンブルグ駐米独大使に「日本人は何という生来の戦者なのだろう」と書き送り、ロッジ上院議員には「この十数年で日本は太平洋地域での主導的産業国となろう。日本は軍事的面のみならず、産業面でも恐るべき国だ。日本の文明はいくつかの重要な面において我々のものと異なるが、日本は偉大な文明国だ。我々は日本から学ぶべき点があり、彼等も我々から学ぶ点がある」と伝えた。

１９０２年１月30日、日英同盟締結。同盟の目的は、東アジアでのロシアの南下に日英が共同して対処しようというものであった。世界最大の海軍国として、従来の伝統である「光栄ある孤立」政策の誇りを捨ててまで英国は東洋の有色人種国と同盟した。それだけ、ロシアの南下政策が露骨で強力だったと言える。

1904年2月10日、日本はロシアに宣戦布告。

日露戦争勃発2ヵ月後の1904年5月9日、ルーズベルトはドイツ大使シュテルンブルグに次のことを伝えている。

①日露両国の力は同じくらいに留めるべきだ。東アジアでロシアの力が弱まり過ぎるのはよくない。一方が一方的に勝つのはよくない。
②日本が朝鮮を獲得するのはよいが、(朝鮮での)米国の利益は保証されねばならぬ。
③日本が支那大陸で大きな影響力を持つようになっては困る。
④ロシアが満州に勢力を持つことは認めるが、遼東半島の軍港旅順は手離さねばならぬ。
　満州の通商自由は認めらるべし。

また同年12月には、「米独にとって、日本が勝つのが望ましい。しかし、勝ちすぎるのはよくない。満州は門戸開放して支那に返すべきだ」と再びシュテルンブルグに伝えている。

6　日露講和斡旋に乗り出す

1904年2月4日、貴族院議員金子堅太郎は、枢密院議長伊藤博文に呼ばれた。

伊藤は「渡米して米国の情況を調査の上、米国が我国に援助するよう尽力して欲しい、フランスは仏露同盟があり、ドイツは局外中立を宣言している。もし、米国がロシアに味方すれば由々しいことになる。この際、米国を味方にするのが上策である。君以外に渡米する適任者はいない」と金子に自らの考えを伝えた。

事の重大性と困難を考え即答出来ずにいた金子だったが、翌日も呼ばれた。辞退する金子に対し伊藤は「満洲での戦いに負ければ、自分は一兵卒となって九州に上陸するロシア軍と戦う」と決意を示し、「自分と同様、国家のために生命を賭せ」と迫った。伊藤の気魄に打たれた金子は渡米を承諾した。

渡米前、金子は軍事情況を知るため、参謀本部次長の児玉源太郎と、海軍大臣の山本権兵衛から話を聞いた。児玉は、今のところ五分五分で、これを何とか四分六分にしようと参謀本部に泊り込んでやっている。五度は勝報、五度は敗報の電報を受ける覚悟でいてくれ、と言った。山本は、我軍艦の半分は沈める覚悟、それでも勝利を得ようと良案を考えている、と語った。

３月18日、金子はニューヨークに到着。３月25日にはワシントンに赴き、28日にはハーバード大学で先輩のルーズベルトに夕食会に招かれた。ルーズベルトは「武士道の研究をしたい、いい本はないか」と尋ねた。金子は新渡戸稲造の「武士道（英文）」を贈った。これがルーズベルトの武士道研究の端緒となった。

３月31日、金子はロッジ上院議員の恩師でロッジと姻戚関係にあるヘンリー・アダムスの夕食会に招待された。金子がワシントンに滞在していては、各国の外交官が尾行してうるさいので、ルーズベルトと相談して、ニューヨークを根拠とし、用事があればワシントンに行くことにした。

１９０５年１月の旅順陥落時、その後の奉天会戦の勝利時、金子はルーズベルトから招かれ、祝辞をもらった。奉天会戦勝利の直後には、ルーズベルトは個人的意見であると前置きして、「日本軍がこれ以上前進すると、後方連絡線と補給線が延び、ナポレオンのロシア遠征と同様に悲惨なことになるだろう。講和談判してはどうか」と示唆している。

５月27日、日本海海戦。金子は三井物産ニューヨーク支店長から日本海軍勝利の電報を受取った。６月７日、ルーズベルトから招きがあった。ルーズベルトは金子の手を握り、こう言った。「実にこのたびの海戦は、ちょうど１００年前の１８０５年のトラファルガーにおいてネルソンがスペイン艦隊を全滅させた以上の働きだ。ネルソンの戦勝は英国を永く海洋に覇たらしめる基となり、東郷提督の戦果は、将来日本をしてアジアの盟主たらしめるものである。私は自分の海軍が勝利したように嬉しい。日本の勝利を各国に報道する等、大統領の事務は少しも出来なかった。本当に日本人になった心地がした」。

奉天会戦勝利（１９０５年3月10日）直後、秘かに帰国した児玉源太郎満州軍総参謀長は政府に早期講和を強く要請した。日本政府は高平小五郎駐米公使を通じて６月１日、ルーズベルト大統領に講和斡旋を依頼する。東アジアの勢力均衡のため、ロシア軍が壊滅せぬ間に講和会議が必要とルーズベルトは考えた。

7　ポーツマス条約調印にこぎつける

ルーズベルトはモスクワ駐在の米外交官を通じて、優柔不断で渋るニコライ二世を説得した。講和会議の場所はパリにするか、オランダのハーグか、それとも日本希望の山東半島の芝罘からワシントンか。結局、ニューハンプシャー州の軍港ポーツマスと決まった。小村寿太郎ら日本代表団は7月25日、ニューヨーク着。セルゲイ・ウイッテ元蔵相、ロマン・ローゼン駐米公使らロシア代表団は7月31日、ニューヨークに到着。

夏のホワイトハウスと呼ばれたオイスターベイ・サガモアヒルの自宅別荘で過ごすことの多いルーズベルトは、ここで7月28日に日本代表団と、8月4日にロシア代表団と会った。8月5日、オイスターベイに浮かぶ大統領専用ヨットのメイフラワーで、ルーズベルトによる両国代表の紹介があった。翌日小村は日本側の要求を12か条のリスト（英文）の形で示した。

ルーズベルトは、ロシア軍が簡単に連戦連敗するとは思っていなかった。予想に反して、ロシア陸軍は奉天に大敗し、ロシア海軍は日本海で全滅した。日露戦争中、ルーズベルトは定期的に海軍情報部から海戦の情況の報告を受けており、巨大な地図がホワイトハウスに持ち込まれ、両国軍の配置情況などが詳細に説明されていた。

ストライキ、叛乱、テロ事件が続発するロシア国内の社会不安は帝政ロシアの全面的崩壊と結びつく恐れがあった。そうなれば、欧州の勢力均衡を根本から崩してしまう。満州からロシア軍を追い出すために、日本を助けつつ、他方で帝政ロシアの崩壊を予防するため、日露間の均衡を作る、そうして日本の大陸進出が過大とならぬよう抑制する、これがルーズベルトの考えだった。

日露間の交渉は8月29日まで10回に及んだ。交渉の行き詰まりを懸念したルーズベルトは、オイスターベイの自宅にロシアのローゼン全権を招きロシアの譲歩を求める（8月19日）。また金子堅太郎も招き、領土と賠償金について適度な要求に留めるよう要望した（8月21日）。そして、ジョージ・マイヤー駐露大使経由で日本の要求に譲歩するようロシア皇帝宛に電報を打った。8月22日には、ニューヨークの金子に親展の書簡を送り、「日本は賠償金のため戦争を継続しないように」と訴えた。2日後にも金子に、「今や戦争を終結することが日本の利益だ。日本は朝鮮と満州の支配権を獲得し、ロシア艦隊を撃破して、旅順、大連、南満州鉄道、樺太を持つに到った。戦争を更に継続すれば、恐らくは一層莫大な戦費を消尽し、その失うところは、ロシアより獲得し得るところより大きくなるだろう」との親展書簡を送って、賠償金問題で日本側の譲歩を勧告する。

「樺太の南半分の割譲、賠償金なし」で両国が合意に達したと聞くと、ルーズベルトは興奮と感激で「上出来！　これほど嬉しいことは近年ない」と叫んだ。

日露講和条約調印は9月5日、ポーツマスの会場で行われた。日露講和の斡旋が評価され、ルーズベルトは米国大統領として初めてノーベル平和賞（賞金4万ドル）を受賞した。

日露戦争後、マハンは自叙伝『帆船から蒸気船（*From Sail to Steam*）』を書いた。その中で、

「私の著作は仏、独、日、露、また恐らくは伊の各国で翻訳された。私の知る限り、日本人ほど私の著作の全ての事項に深い関心を示した国はなかった。最近の戦争（日露戦争）で日本人は何という実り多い準備と達成を示したことか。私の知る限り、私の著作は他のどの国よりも、日本で数多く翻訳された」と、日本海海戦の勝利は、自分の著作を日本人が良く研究したからだ、といわんばかりに、誇らしそうに書いている。

８　大艦巨砲主義の時代とマハンの死

米海軍の大艦巨砲化と砲術進歩に関して米海軍史にその名を残すウィリアム・Ｓ・シムズの後見人の役割を果したのもルーズベルトだった。

砲術改善に関して海軍省に盛んに意見書類を提出してくるシムズ大尉（アジア艦隊に所属）を、見どころのある奴だとして、ワシントンに引き抜き、10年近くも大統領海軍補佐官として砲術近代化研究に専念させた。

大統領の寵愛を虎の威とし、海軍省内で傍若無人の振舞いが多く、悪評が集中したのがシムズだったが、ルーズベルトは笑って意に介さなかった。そればかりか、最新鋭戦艦艦長は古参大佐がなるものとされた時代に、小型艦の艦長歴すらなく、10年間も海上から離れてワシントンの海軍省勤務であったシムズ中佐を米海軍虎の子の新鋭戦艦艦長に任命したのもルーズベルト大統領だった。

日露戦争後の1906年2月に英海軍は副砲なしの全主砲艦（All Big Gun）であるドレッドノートを進水させた。これは、海軍列強を震駭《しんがい》させた。考えようによっては、海軍列強所有の新鋭戦艦を全て陳腐化、旧式化させるものだったからだ。

米海軍でも当然ながら、全巨砲艦に関する論争が起こった。帆船から蒸気艦に移った頃に海軍で育ったマハンは急速な巨砲製造技術や砲術の進歩についていけなかった。副砲と主砲を搭載する中型艦を多数持つ方が、舷々相摩す海戦では有効であって、巨費のかかる大型巨砲艦と較べ、建造予算からしても、中型艦が望ましいと考えるマハンはこのことを詳しく書いた書簡をルーズベルトに送った。

ルーズベルトの考えは全巨砲艦に傾いていったが、どちらを取るかは、明快な理由が必要であり、しかもそれを人々に周知させねばならない。米国では特にそうだった。ルーズベルトは、シムズ中佐に老マハンの考えを論破する論文の執筆を命じ、出来たシムズ論文に満足したルーズベルトはこれを『海軍協会誌』に発表させた。最近の砲と砲術の進歩から説き起こしたシムズ論文は、マハンをはじめとする全巨砲艦反対論を完膚なきまでに論破していた。

マハンは第一次大戦勃発直後の1914年12月1日に死んだが、その1か月半後にルーズベルトは『アウトルック』誌に「国家への一人の偉大な奉仕者」と題する次のような一文を投稿した。

「マハンは米国海軍中第一級の海軍士官群の一人に過ぎないし、これらの人々の多くは近代戦の兵器の実際運用に関してはマハンより上であった。しかしながら、海軍の必要性を大衆に理解させる啓蒙に関してマハンは独り抜きんでている。このような人は海軍の第一級士官群の中にもいないし、その周辺の人々にもいない。国際問題事項に関して、第一級政治家の抱負を持っていた唯一の海軍文筆家だった」。

19世紀後半に米国政治に大きな影響を与えたペンの人は、「アンクルトムの小屋」を書いて南北戦争勃発の原動力になったストウ夫人と、『海上権力史論』を出版して米国の海軍増強と海外進出に力があったマハン大佐の二人だと言われる。

９　海兵隊の改革とパナマ運河建設

米軍には海兵隊（Marine Corps）という、独立軍なみの軍組織がある。海軍に属しているが、軍服や階級名称は陸軍式だ。日本海軍にも陸戦隊というのがあったが、構成員は海軍の士官、下士官、兵によっており、必要に応じて一時的、臨時的に編成されるものだから、米軍の海兵隊とは異なる。海外進出や、米国の裏庭中南米での内乱・革命騒ぎへの対応、太平洋戦争中の上陸作戦といった国策の最前線の中核となったのが海兵隊であったから、米国史と海兵隊は切っても切り離せないものである。

海兵隊の歴史は独立戦争時にまで溯れる。英軍基地のあるハリファックス攻撃のため、大陸会議（独立後の連邦議会に相当する）は海兵隊二個大隊を認め、高級士官として大佐1名、中佐2名を認めた。しかし実際には二個大隊どころか、小規模なものしか編成されなかったようだ。元々、海兵隊の起源は敵を攻める部隊というより、艦内の秩序維持の海上警察であった。水兵の逃亡を防ぎ、ラム酒持込を見張り、反抗的水兵から士官を護衛し、艦が蛮地に停泊した時や上陸時には、野蛮人から乗組員を守る。

階級名称や軍服の異なる集団が艦内に混在するから、対立や摩擦も起こりがちである。1830年、ブランチ海軍長官は議会への報告書で「水兵の荒々しさや、彼らが働き、居住する環境を考えれば、やはり、艦内警察隊としての海兵隊は必要」だとした。

海兵隊の任務はこのような海上警察隊機能の他に、敵艦と近接海戦時には、小銃による狙撃隊の任務もあった。艦が蒸気艦化・鋼鉄艦化・巨砲化して、近接戦闘はなくなり、艦居住の安全化に伴い、荒々しい水兵の資質も徐々に向上していった。

マハンの『海上権力史論』の刊行は1890年であるが、この頃になると、艦内に秩序維持警察隊を置くのは時代錯誤という考えが強くなってきた。従来の海兵隊方式に疑問を呈したのが、ウィリアム・F・フーラム海軍中佐で、1894年と96年の2回、『海軍協会誌』に論文を投稿して掲載された。要旨は、①艦内警察隊としての海兵隊は不要、②海兵隊を六個大隊に編成し、艦隊支援（艦隊のための前進基地攻略やその防衛）と外交政策の尖兵（海外での米国民の生命・財産の保護等）の役割を担わせる、の2点だった。

その後、海外戦争で海兵隊の勇敢な戦いが国民に知られるようになった。米西戦争時（18

98年）のキューバ・グアンタナモ湾のスペイン軍基地攻撃や、北清事変時（1900年）の北京75日間籠城戦（この時、柴五郎中佐率いる日本軍の勇敢さ、軍紀厳正、廉潔さが世界の評判になったことは前述した）における海兵隊の働きがそうだった。

1904年の年頭教書でルーズベルトは、「西半球（中南米）の諸国間に安定、秩序ならびに繁栄をもたらすのが米国の希望である」と述べ、「もし、慢性的に非行を犯す国、また無力であるが故に、文明社会の連帯にひびを生じさせる国があれば、合衆国としてはやむをえず、モンロー主義の趣旨に従って、国際警察軍としての役割をはたす場合もあろう」と露骨な形で米国の意思を表明した。

ルーズベルトは、上述のフーラム海軍中佐の意見を取上げ、ジョージ・F・エリオット海兵中佐に、海兵隊任務の再検討を命じて、海兵隊の大改革を断行した。1908年、例外的な大型艦を除いて海兵隊を艦内から退去させ、その任務を、①海軍基地（国内・国外とも）警備、②パナマ運河地帯防備、③外交政策の道具としての海外急遽派遣兵力、とした。

革命騒ぎや内乱が毎年のように起こった中南米の小国では、米人の生命・財産の保護を理由に海兵隊が急遽派遣された。内乱の場合、その首魁《しゅかい》の多くは海兵隊員によって射殺されている。

ルーズベルトの外交政策の基本は「太い棍棒を持って、静かに話す（**Speak softly, and carry a big stick**)」というもので、太い棍棒は、日本などの列強に対しては米艦隊であり、弱小国に対しては海兵隊であった。

海兵隊は長らく、中隊単位が普通で、必要に応じて大隊が編成された。第一次大戦までは、武器は小銃と銃剣、機関銃の小火器であった。第一次大戦後、①武器の多様化、②独立戦闘維持機能の必要性（医務、補給、通信など）の増大、③上陸作戦の研究と演習によって、各種機能の必要性が認識され、ミニ師団的な大隊を恒常的に設置しておくようになった。

恒常的な師団が編成されるのは第二次大戦になってからである。太平洋戦争になると、合衆国艦隊長官キングは従来、海軍長官の指揮下にあった海兵隊を、ルーズベルト大統領の了承を得て、合衆国艦隊長官の指揮下に置き、師団単位の大型化を行い、要塞化された太平洋の島々への上陸強襲部隊となり、上陸用舟艇、戦車、近接戦闘援護の飛行隊も持つようになった。これは、陸軍の助けがなくても太平洋の西進上陸作戦を遂行しようとしたキングの強い意向を反映したものだ。

海兵隊司令官の階級も少将が最高位であったが、第一次大戦後、中将クラスとなり、第二次大戦の後期になって大将となった。第二次大戦中は、海兵隊司令官は統合参謀長会議メンバーでなかったが、戦後の統合参謀本部では必要に応じて招かれるようになり、後に常時出席する正規メンバーになった。

米海軍の戦略を考える場合、パナマ運河は極めて大きな戦略的要点であった。大西洋と太平洋に分散された艦隊は必要に応じてこの運河を経由して集結した。それ以外にも、モンロー宣言（西洋列強の南北アメリカへの不干渉を要求したもの）を実行するためカリブ海をコントロール下に置くための軍事基地ともなった。

パナマ運河は第二次大戦でも米海軍に戦略的利益をもたらした。大西洋岸の造船所で建造された米海軍の高速大型空母（エセックス級）は、東海岸沖で処女航海・初陣のための訓練をした後、パナマ運河を経て太平洋の前線に出た。五大湖の造船所で建造され、筏に乗せてミシシッピー川を下って、メキシコ湾に出た新造潜水艦も同様だった。この運河がなければ、これら新造艦の移動は独潜水艦の跳梁する大西洋海域や中立国沖を通らねばならず、南米最南端のホーン岬経由では、燃料の補給などで、莫大な時間と経費の浪費が避けられなかった。

　米国大型艦の艦幅は、この運河の通過可能最大幅１０８フィート（約33米）の制限を受けることになった。日本海軍の巨大戦艦大和（最大幅38・9米）の設計思想は、米海軍は運河通過制限幅からこれくらいの大型艦は建造できないだろう、というところにあった。

　パナマ運河に関して多くの論評を書いたマハンは、この地峡地域に滞在したこともある。43歳のマハン中佐は南米ペルーの海港カヤオ駐在の米艦ワッチュセットの艦長に赴任するため１８８３年８月、ニューヨークを出港して任地に向かった。パナマ地峡の大西洋岸の街コロンに着き、ここからパナマ鉄道で地峡を横断して太平洋岸の街パナマに向かう。コロンを出た列車は緑のジャングルを通り抜けチャグレス川に沿って走る。地峡のほぼ中間の所で鉄道はチャグレス川を鉄橋で越え、地峡の分水嶺を越えると太平洋に注ぐリオグランデ川に沿ってパナマを目指す。この距離はほぼ80キロ。

　パナマ鉄道でコロンからパナマに着いたマハンは再び船でカヤオに渡った。この地峡を横断した時には仏人レセップスのパナマ運河会社による運河建設が行われていた。

　３年前の１８８０年１月１日、レセップスが中心となって創設されたパナマ運河会社によって工事の鍬入式《くわいれしき》をリオグランデ川の河口近くで行い、その後、本格的工事は1882年の初めころから行われていた。

レセップスはスペイン大使、イタリア大使を歴任したフランスの外交官出身だったが、この年には74歳。10年前、スエズ運河を10年間の苦闘の末完成させており、名声は世界に轟《とどろ》いていた。パナマ運河は難工事のうえ、マラリア、黄熱病が猖獗《しょうけつ》を極めて捗《はか》どらず、パナマ運河会社は財政危機となり1889年に破産した。破産直後、ニカラグア湖経由の運河を開削するニカラグア運河会社が発足して工事を開始したものの、これも1年後に破産した。中米地峡運河の開削は、民間会社の手に負えないことが判明した。

マッキンリー大統領（副大統領はセオドア・ルーズベルト）は本格的に運河問題に取り組むことを決意し、1897年、この問題の担当に海軍を66歳で退役したばかりのウォーカー少将を任命した（第一次ウォーカー委員会）。委員会は、運河が政府の事業として有用であり有望であると結論した。

当時、スペイン領キューバでは、スペインの圧制に反抗する内乱が続発していた。米政府はキューバ在住米人の生命財産保護のため、戦艦メインをハバナに派遣していた。翌年の1898年2月、戦艦メインが何者かによって敷設された水中機雷の爆発によって爆沈する。犯人はスペイン人に違いないとして「リメンバー・ザ・メイン（戦艦メインが爆沈させられたことを忘れるな）！」の怒号が米国内に渦巻き、米西戦争が勃発した。

キューバ沖で来航するスペイン艦隊との決戦に備えねばならなくなり、太平洋に配置していた海軍虎の子の戦艦オレゴン（1万トン、16ノット）を急遽キューバ沖に回航する必要が生じた。オレゴンはサンフランシスコを１８９８年３月19日に出港し、南米最南端のホーン岬を経由し、フロリダ沖に到着したのは5月24日。総航程１万２０００マイル、67日間におよぶ大航海だった。米国民はオレゴンの航海に一喜一憂した。オレゴンがキューバ沖での作戦に間に合うかどうかで戦局が大きく変わるからだ。新聞はオレゴンの航海状況を途切れずに報じた。

中南米のどこかに運河があれば、航路は三分の一に縮まり、40日も早くキューバ沖に着いただろう。失敗したとはいえ、20年も前から仏人レセップスによってパナマ運河開削事業が10年間続いていたではないか。太平洋と大西洋に面している米国は両洋に艦隊を配置せねばならぬ。といって、戦力を分散することは戦略上やってはならぬことだ。どちらかに集中配置し、一旦緩急あれば、迅速に両洋間を移動させる体勢を取らねばならぬ。そのためには、どうしても中米運河が必要との認識が米国内に高まった。そのきっかけを作ったのが、戦艦オレゴンの航海だった。

南米最南端のマゼラン海峡は船乗りの恐れる難所だ。オレゴンの場合、この海峡の通過は春（南米では秋）だったから良かったが、厳冬期では無理で、厳冬でなくとも悪天候となれば、近くの港で何日も天候待ちしなければならなかった。

マッキンリー大統領は１８９９年３月、再びウォーカー提督に対し、開削するとすればパナマ地峡案がいいか、ニカラグア湖経由案がいいか、徹底的な再調査を命じた（第二次ウォーカー委員会）。

1890年刊行の『海上権力史論』を熟読していたルーズベルトは、かねてより中米地峡に運河が必要と考えていた。この著作ではカリブ海と地中海が対比されている。地中海にスエズ運河があるように、カリブ海にも運河が必要だとし、中米地峡に完全な米国コントロール下の運河が米国の国防上不可欠だとマハンは訴えていた。米西戦争時、ルーズベルトは海軍次官だったから、この時にも運河の必要性を痛感した。

マッキンリー暗殺により大統領になったルーズベルトは、パナマ運河会社の清算会社（新パナマ運河会社）が一切の権利を予想より安い金額（4000万ドル）で売り渡すことを示したので、パナマ運河案を決断する。パナマ運河案が議会を通過し、大統領の署名により発効したのは、1902年6月28日。2年後の1904年3月、ウォーカー提督を長とし、著名な民間技術者四人を含む合計7人の理事による地峡運河理事会が発足した。

しかし問題はこれで解決したわけではなかった。パナマ地峡はコロンビア領である。新パナマ運河会社がコロンビア政府との協定により所有している権利は「これを外国政府に売り払ってはならない」との制約があった。米国はコロンビア政府とこの問題について協議しなければならなかった。

多くの問題があったが、ルーズベルトのリーダーシップでパナマ運河が開通するのは第一次大戦中の1915年8月である。

パナマ運河の必要性について、マハンは『センチュリー・マガジン』誌（1911年6月号）に「パナマ運河と太平洋でのシーパワー」と題する論文を寄稿している。日露戦争が終わり、後述する白色艦隊が日本へ恫喝巡航してから3年後だった。これは、マハンやルーズベルトに共通する考えを明確化したものである。その内容の一部を略述する。

まず、パナマ運河要塞化の必要性を強調して、パナマ運河の開通は太平洋でのシーパワーの進展に決定的な影響を及ぼすとしつつ、次の３点を示した。

①軍事的には、米艦隊が必要に応じて、一方の海岸から他方の海岸への移動を容易にする。艦隊を大西洋と太平洋に分散して配備するのはよくない。二分してしまうと、どの仮想敵国の海軍力よりも弱くなる。大西洋の主力艦隊が実戦用としてハワイの真珠湾に派遣するには四ヵ月以上を要するが、パナマ運河が開通すれば、四週間弱で可能となる。

②パナマ運河の開通により、太平洋岸への植民が容易になる。白人種が太平洋岸に多く住むようになれば、この地域でのアジア人移民問題は解決するだろう。この地域が白人種で満たされれば、伝統が全く異なり、移住先で社会的に融和せず、政治的に同化できないアジア人が大量に流入するのを反対するようになろう。

③米国にとって、パナマ運河は太平洋の安全のために、最も重要な前哨地点であるハワイの防衛に大きな影響を及ぼし、更にカナダ太平洋岸、豪州、ニュージーランドという英語使用白人種の連帯を強める。

マハンは「アジア人」と抽象的、婉曲的に書いているが、日本人以外のアジア人が当時米国へ移民することは禁じられていたから、マハンの言う「アジア人」とは日本人に他ならない。

太平洋岸に面する北米西海岸（カナダ、米国）、豪州、ニュージーランド、といった人口希薄な白人種地域に多数の日本人が、その海軍力を背景に洪水のように押し寄せて来る恐れを、現実に差し迫ったものとしてマハンは脅威を感じており、これら白人国の対策と連繋が必要とマハンは考えた。母国英国から遠く離れ、軍事力の弱いカナダ、豪州、ニュージーランドの心細さは、日本海軍力の増大と比例して大きくなっていた。

パナマ運河は全長43マイル（約69km）。太平洋岸から入った船はまずミラ・フローレス水門、次にペドロ・ミーゲル水門の両水門で淡水湖のガツン湖の水位まで上昇させる。ガツン湖を航行してミラ・フローレンス水門から約1時間で最後の水門ガツン水門に至る。ここで、一挙に水位を85フィート（約26m）下げて大西洋岸に出る。運河通過時間は約8時間。

10　白色艦隊による日本への示威航海

日露戦争後、米海軍が世界第二位になった時期に実施されたのが、米主力戦艦群16隻による白色艦隊（The Great White Fleet）による世界一周巡航である。これは、日本に対する大示威航海が主目的であった。ルーズベルトは多くの反対を押し切って、大西洋にあった第一級戦艦の全部（16隻）を演習の目的で太平洋に回航させ、太平洋を周航して日本に渡り、更にインド洋からスエズ運河を経て欧州へ、そして大西洋を横断して帰国するという破天荒の計画を実行させた。狙いは、日本人移民排斥運動により生じた日米開戦の恐れに対して、日本を威嚇し、日本に対米戦争を思い止まらせることにあった。

１９０７年6月7日のホワイトハウスでの閣議では、パナマ運河の開通以前に日米戦争は不可避――日本にまだ戦備が整っていないので、すぐにではないが――という雰囲気になった。6月14日、ルーズベルトは陸海軍統合会議に対日戦争計画の準備状況を尋ねた。４日後、デューイ議長は「戦艦艦隊を早急に編成して東洋に派遣すべき」とルーズベルトに進言した。

主力艦隊を太平洋岸に移すべし、との声は以前からあったが、西海岸には適切な基地がないこともあって実現していなかった。６月27日、オイスターベイの私宅に海軍長官を含めた陸海軍の関係者が集合し、デューイからの報告書を1時間半に亘って議論した。

会議後、ルーズベルトは次のように命じた。

○マニラのカビテ軍港から要塞砲と石炭をマニラ湾入口スービック湾へ移動させる。

○マニラ湾を母港とするアジア艦隊所属の装甲巡洋艦四隻を米国の西海岸へ移す。

○全ての主力艦隊を、訓練航海を兼ねて大西洋岸から太平洋岸へ移す。

前年の１９０６年10月27日付書信で、ルーズベルトはヘイル上院海軍委員会委員長に次のように伝えていた。

「日本人移民問題で日本との間に戦争が起こるかも知れない。――というのも、日本人はプライドが高く、神経過敏の上、最近の彼らは（日露戦争の）勝利の栄光に輝いている」

ルーズベルトは考えた。日米開戦を避けるためには、米国が強力な艦隊を保有していて、いつでもこれを使用できることを日本に知らしめることだ。そして、「戦争を防ぐ唯一の道は、米国には決して勝てないと日本人に思わせることだ。これを遂行出来る唯一の道は、我海軍を効率的かつ最高に準備を整えることだ（１９０７年7月23日付）」とルート国務長官に伝えた。

白色艦隊世界一周巡航後のことだが、ルーズベルトは友人に「太平洋に艦隊を派遣することが、日本人に（日米）戦争について語ることを停止させた（１９１１年10月1日付）」と誇らしげに言っている。

当時、パナマ運河はまだ開通していない。日米開戦となれば、大西洋岸配置の米主力艦隊は太平洋に移動せねばならぬ。大艦隊を南米最南端で、船乗りの恐れるホーン岬沖（マゼラン海峡）を通過し、南米各地の諸港に寄港しつつ、カリフォルニアへ移動させることは、燃料問題をはじめ、多くの困難が予想された。戦争が起こってから問題対策に取組むのでは遅すぎる。実際に演習航行させて、問題点を調べ上げ、然るべき対策を立てておくことが不可欠だった。

大西洋と太平洋との間を移動させる困難さは、10年前の米西戦争の際、前述したように、戦艦オレゴンの巡航で思い知らされていた。また、日露戦争時、ロシアが海軍兵力を分散して、兵力を集中した日本艦隊に各個撃破されたこと、バルチック艦隊が経験のない遠距離航行で多くの困難に直面して、戦う前に戦闘力を減少させていたことが、ルーズベルトの頭にあった。

この世界一周巡航には、日本との関係を険悪化させるとして反対は強かった。日本側は、これが日本への脅しだとはすぐ分かる。当時、韓国統監伊藤博文は、「アメリカ戦闘艦隊の太平洋回航の如き、その口実の何たるかを問わず、吾に対する示威運動たるは疑いなし」と林董《ただす》外相に書簡を送っている。

艦隊派遣のもう一つの狙いは世界第二位になった米海軍力を全世界に誇示することだった。米海軍の誇る16隻の巨大戦艦群が大西洋沿岸の各軍港からハンプトンローズのノーフォーク軍港に集められた。

１９０７年12月13日、ルーズベルト大統領が見送るなか、艦隊は出港した。大艦隊が消費する大量の石炭を供給できる貯炭所を持つ港は少なかったため、既に石炭輸送船団がベネズエラ沖の英領トリニダード島、リオデジャネイロ、マゼラン海峡近くのプンタアレナス、カリフォルニアのマグダレーナ湾、ハワイ、マニラへと出発していた。

艦隊は英領トリニダード島で給炭をすまし、クリスマスをここで過ごした。リオデジャネイロ着は年が明けた１９０８年１月12日。６隻の米駆逐艦隊が既に到着していて、合同した。

次の寄港地はマゼラン海峡に近いプンタアレナスである。アルゼンチン政府はブエノスアイレスへの寄港を要請したが、ラプラタ川河口のこの港に16隻もの巨大戦艦の収容は容易でないため、断った。石炭輸送船は既にプンタアレナスに向かっている。チリ政府は護衛と海路案内のため、巡洋艦チャカブコをプンタアレナスに派遣した。チャカブコにはチリ海軍総司令官と駐チリ米大使が乗っており、艦上で歓迎の夕食会が開かれた。マゼラン海峡通過に際して、チャカブコが先導し、各艦４００ヤード間隔で、靄《もや》と霧の中を22時間かけて無事通過した。南半球の真夏でも通過には多くの困難が伴ったのだから、厳冬期の通過は不可能に近い。

３月12日、カリフォルニア半島のマグダレーナ湾に入り、サンディエゴ、ロサンジェルスに寄港し、サンフランシスコに到着したのは５月５日。

サンフランシスコを出港した白色艦隊はホノルルに一週間滞在後、7月22日、ニュージーランドのオークランドに向けて出発。オークランドから豪州のシドニーとメルボルンに向かう。

豪州人の気持は微妙だった。白色艦隊の来訪で米国との関係が強くなることは、それだけ本国（英国）との関係が希薄となるからだ。英国はドイツとの建艦競争に目を奪われ、海軍力の多くを本国周辺に置くようになっている。豪州周辺の海軍力の真空化に日本が大きな影響を及ぼすのに、これに対抗できる白人国は米国だけだ。

豪州西南端のオールバニで給炭してフィイリピンに向かった。10月2日にマニラに着いたが、コレラが流行していたので、乗組員の大半は上陸できなかった。マニラの後は、この世界巡航の最大の目的である日本寄港だ。親善航海と称しているものの、本心は日本への恫喝示威航海なのである。

10月18日、日本海軍の基地横須賀沖を通過し、横浜に入港。日本政府は大歓迎の態勢を取った。何万人もの学童が日米両国旗を振り、米国の歌をうたって歓迎した。東郷艦隊の日本海海戦からの凱旋帰航よりも大きな歓迎だったと、米大使は本国政府に報告した。ちなみに、白色艦隊の乗組員の中には34年後の太平洋戦争で活躍する提督の卵が大勢いた。太平洋戦争中、統合参謀長会議議長として、フランクリン・ルーズベルトの軍事参謀長の役目を担ったリーヒ中尉（１８９７年アナポリス卒、以下〇〇年級という）、開戦時の海軍作戦部長だったスターク少尉（１９０３年級）、開戦時太平洋艦隊司令官だったキンメル少尉や戦争中、第三艦隊司令官になるハルゼー少尉（ともに１９０４年級）、第五艦隊司令官になるスプルーアンス候補生（１９０７

年級）もいた。東郷平八郎大将招待による戦艦三笠艦上でのパーティで、東郷は英国仕込みの英語で挨拶をしている。艦隊は横浜に１週間滞在した。

その後、スエズ、地中海を経由し、１９０９年２月１日、ジブラルタルで集結。ハンプトンローズ軍港帰航は建国の父ワシントンの誕生日である２月22日と決められている。真冬の大西洋は大時化《しけ》で、ベテラン乗組員も音を上げた。ハンプトンローズの入口ヘンリー岬に艦隊が投錨したのは２月21日の夕刻だった。

白色艦隊の大航海は、南米各国に米国の力を改めて認識させ、対日恫喝そして豪州への影響力増大というルーズベルトの目的を実現させ、大成功ともいえた。白色艦隊の来航は日本にとって、ペリーの黒船艦隊以来の出来事と言ってよかった。白色艦隊も黒船艦隊も東京湾に入って、その威容で日本を恫喝した。

ルーズベルトの任期はこの２月末で終了する。この大航海はルーズベルトの大統領任期８年間の掉尾《とうび》を飾るものだった。大統領選挙ではルーズベルト内閣で陸軍長官を務めたウィリアム・Ｈ・タフトが勝った。ルーズベルトは大統領三選を辞退して、タフトを推していた。

白色艦隊が任務を終了し米国に帰港して５年後に第一次大戦が始まり４年間続いた。この間、海軍次官として厖大な海軍軍務を捌《さば》いたのは遠縁のフランクリン・ルーズベルトだった。

11　ルーズベルトでも実現出来なかった海軍参謀本部問題

１８７０年（明治3年）、普仏戦争（プロイセン・フランス戦争）が勃発、プロイセン軍が圧倒的な勝利を得た。この戦争の結果は世界の軍事界に大きな衝撃を与えた。ナポレオン以来、陸軍最強国と考えられていたフランスがいとも簡単に敗れてしまったからだ。

新興のプロイセン（ドイツ北方の王国）が伝統的陸軍国フランスをあっさりと破った原因は何か。多くの軍事専門家が指摘した原因は、参謀総長モルトケ率いる参謀本部の存在であった。衝撃を受けたフランスは敗戦の年にプロイセン式参謀本部を創設し、米国でもセオドア・ルーズベルト大統領政権の陸軍長官エリーフ・ルートはプロイセン参謀本部をモデルとした参謀本部を１９０４年に創設した。

シャルンホルスト、マッセンバッハ、クラウゼヴィッツ、グナイゼナウといった軍事思想家の知恵が結集していたプロイセンは、参謀本部という常設の作戦策定、情報収集機関、いわば軍の頭脳中枢を創設すると共に、参謀将校を意識的に育成し、ローテーションによって彼等を参謀本部と戦闘部隊に交互に勤務させていた。これは、相互の間を緊密にし参謀本部の意図を迅速に伝えるためでもあった。

19世紀末となると、軍事力の効率的育成・運用には参謀本部が必要だというのは軍事思想家の間では常識となった。日本陸軍が従来のフランス式を改めプロイセン式にし、モルトケの秘蔵っ子メッケル参謀少佐を陸軍大学校に招いたのは、普仏戦争の結果に日本陸軍上層部が衝撃を受けたからであった。

参謀本部の誕生は、組織上の一つの工夫であるから人々の関心をなかなか惹《ひ》かないのだが、その歴史上の重要性は鉄砲の発明に劣るものではない、近代史の動向を左右するほどの意味を持つ組織上の社会的発明であった。

しかも、参謀本部という組織は、軍事上の分野に留まらなかった。ビジネスの世界でも「ライン」とか「スタッフ」とかいう。これはもちろん、元来が軍事用語で「ライン」は第一線の戦闘部隊、「スタッフ」は参謀である。このような「ライン」と「スタッフ」の概念で運用される近代的大組織の原型はプロイセン参謀本部にあった。後に、プロイセン王国を中核としてドイツ語圏の諸王国がまとまってドイツ帝国が誕生する。首相はビスマルク、参謀総長はモルトケだった。

セオドア・ルーズベルト大統領時代、米海軍の組織改革が大きな問題になっていた。改革論者は、①海軍行政機構の改革、②近代戦艦設計思想の確立を唱えていた。

①に関しては、海軍参謀本部の設立を主張した。海軍省は各部局が独立王国の観を呈しており、「局あって、省なし」だった。調整するのはシビリアンの次官と長官だが、政治家は世論や政治問題には優れているものの、専門知識には乏しい。ガンクラブと俗称される兵備局は兵器のことばかり考え、建艦局は造艦の視点だけだ。後に設立される航空局は航空第一主義だ。こんな局間の意見対立を軍事専門家の立場から一元的に調整する必要がある、このための組織

として、参謀本部を設立すべしと主張したのである。

②に関して、戦艦の設計は建艦局の技術士官の主導によるものでなく、艦を運用する兵科士官の意向が組み入れられる体制樹立の必要性を訴えた。動きの中心は、テイラー、ルース、グッドリッチ、マハンといった海軍大学校長の経歴を持つ退役士官群と、射撃演習監督部のフィスク、アルバート・L・キー、シムズといった少壮士官の二つのグループだった。後者は、発展著しい近代砲術に関する最新知識を持ち、自ら恃《たの》むところが大きかったから、その言動は保守的な年配士官から苦々しく思われていた。特にキーとシムズは精力的に発言した。キーはシムズの前任のルーズベルト大統領特別補佐官である。

海軍参謀本部の類似組織としては、ロング海軍長官による海軍将官会議（General Board, 1900年創設）があった。将官会議の任務は、「戦争計画、基地、海軍政策に関し、海軍長官を補佐し、海軍大学校と海軍情報部を調整する」ことにあったが、法制上の根拠はなく、海軍長官への進言だけで、遂行の権限は持っていない。

ロングは、この会議に海軍省内の8つの部局の調整と統制を期待したがだめだった。1900年の創設から17年間、議長を務めたのはデューイ海軍大将。米西戦争時のマニラ湾英雄デューイの声望、力をもってしても、成果を挙げることは出来なかった。戦争計画だけは、海軍大学校と情報部を調整したので、重要な役割を果せたものの、艦船の設計にはタッチ出来なかった。

1903年、海軍参謀本部が必要と考えたルーズベルトは、議会に海軍参謀本部設立案を提出。この時、マハンはルーズベルトに次のような書簡を送った。

「海軍参謀本部案が議会を通ることを望む。艦船の設計が我国の戦略、海軍政策と直接関係をもって行われるべきだ。これは、海軍省の部局長に委ねてはとても出来ない。戦時に何が必要かをよく知っている海軍参謀本部だけが、大統領や海軍長官の諮問に最善の答申が出来る。そのような組織だけが、大統領や海軍長官が変わっても、公平な正確さを保ち得る」。

１９０４年４月、陸軍参謀本部が設立されたものの、海軍参謀本部案は議会に反対が多く、失敗した。米西戦争時、陸軍は作戦計画やその実行に多くの不都合が露呈し、兵力の集結、輸送船での運輸、上陸などがスムーズにいかなかったのに対して、海軍は大きな問題もなく海戦に勝利したこともその原因のひとつであった。

マハンはその後も海軍参謀本部設立の必要性を説き続け、１９０９年１月には、ルーズベルトに次のような内容の書簡を届けている。

○シビリアンの行政システムとしては、海軍省の部局制度に欠点があるとは思えない。問題は、調整者としての海軍長官に一般的に軍事知識がなく、大手民間企業の経験もなくて、海軍省の膨大な仕事に直面することだ。海軍長官は海軍の知識はもちろん、一般的知識も不足のまま任命される。

○理想を言えば、大統領や海軍長官が国の政策に関わる外交の他、陸海軍の内外情勢を熟知していればいいが、軍事知識の不足では、それが出来ない。組織として軍事知識を常に準備しておくのが海軍参謀本部である。海軍参謀本部長の勤務期間は長くてせいぜい一〇年間だが、知識は参謀本部に蓄え続けられる。海軍長官への情報とアドバイスに責任を持つのは海軍参謀本部総長唯一人だけだ。米西戦争時の海軍司令部（マハンはメンバーの一人だった）での経験では、メンバーの何人かは責任を放棄してしまい、海軍長官への進言に関して誰一人、個人的責任がなかった。

○軍艦の型や装備も、海軍参謀本部が各部局の意見を聞いて決定すべきである。

○海軍参謀本部制度の導入は、海軍長官の権限を減らそうとするものではない。海軍参謀本部・海軍省を厳しく管理していくのは、あくまで海軍長官である。

海軍参謀本部導入論者の考えは、戦略計画、艦船建造、新兵器開発に関して、海軍長官への補佐組織を一本化し、互いに独立王国的な各部局を参謀本部によって調整しようということであり、海軍省内で意見が分かれる場合、大統領や海軍長官へのアドバイスのため、海軍参謀総長が海軍省内の意見をまとめる。

海軍参謀本部制度導入問題でも、ルーズベルトのマハンへの信頼は大きかった。ホワイトハウスを離れる直前の１９０９年1月、この問題を検討するムーディー委員会がルーズベルトの命により設置され、マハンはこの委員会の委員に選ばれた。

ルーズベルトが議会に提出した１９０９年1月27日付書簡によれば、この委員会は次の①から⑥までの事項の調査と⑦から⑨までの答申が求められていた。

①各部局の仕事の調整不足。

②各部局長の大きすぎる権限。
③戦争の準備と運用に関る責任部門。
④部局の仕事の機能重複。
⑤経理責任の不足。
⑥シビリアンコントロール侵害。
⑦平時における効率的戦争準備のための組織に関する原理。
⑧現在の組織の改編案。
⑨艦隊維持のために必要な海軍工廠施設の場所、設備。

答申書は2月末に提出された。答申の目玉の一つは、緊急戦争計画、一般的海軍政策案、海軍大学校・海軍情報部の統括、の三つを任務とする海軍参謀本部の設立だった。ルーズベルトの大統領任期切れの最後の週にこの答申書を議会に提出したが、肝心のルーズベルトがホワイトハウスを去る直前では迫力がなく、陽の目を見ることはなかった。

そもそも、陸軍の参謀本部のような組織を作るべきだ、との考えは、マハン大佐や海軍長官補佐官フィスク少将のような、海軍改革派とよばれた人々が永年主張してきたことだった。彼等は、艦隊運用を民間人のアマチュアでなく、海軍の専門家の手に委ねるべきだ、と考えてきた。マハン大佐はこのことをルーズベルトに進言していたのだが、ルーズベルトの実行力をもってしても実現出来なかったのである。

12　アフリカ・欧州旅行から終焉まで

ルーズベルトがホワイトハウスを去った直後の1909年4月、スミソニアン協会の後援により、ルーズベルトを団長とする科学探検隊がアフリカに派遣されることになった。10ヵ月間アフリカ奥地を探検し、動植物標本収集や狩猟を行った。ライオン狩りもした。

アフリカ探検を終えると、欧州に入った。ルーズベルトはパリのソルボンヌ大学では「共和国と市民のあり方」、ベルリン大学では「世界の動き」と題する講演を行った。ドイツでは、ウィルヘルム2世と共に乗馬姿でドイツ軍の閲兵を行い、演習を5時間に亘って観閲し、英国ではエドワード7世の葬儀に出会い、米国を代表する特別大使として葬儀に参列した。オックスフォード大学では、「歴史における生物の類似性」という題目の講演をした。外相エドワード・グレイ卿とは英国の森を歩いていた。

第一次大戦に米国が参戦すると、ルーズベルトはウィルソン大統領に、義勇軍一個師団を率いて欧州で戦いたい、と申し出た。25万人がルーズベルトの下で戦いたいと希望し、議会は義勇軍二個師団法案を通過させたが、ルーズベルトの独断専行を恐れたウィルソンはこれを拒否した。

かつてブラジルで罹った熱病がぶり返すようになった。1918年2月、太股の化膿性炎症と耳の炎症で入院した。眼だけでなく、耳も不自由になり、ルーズベルトは10月には炎症のリューマチで再び入院。クリスマスにはオイスターベイのサガモアヒルにある自宅に帰った。

１９１９年１月６日、かかりつけの医者すら予想出来なかった突然の死がルーズベルトを襲った。

アメリカの少年の夢は西部のカウボーイ、保安官、アフリカでのライオン狩り、そして大統領だ。ルーズベルトはその全てをやった人であった。

第４章

❖

海軍作戦部創設と
ダニエルズ海軍長官

1　新聞人から海軍長官に

ジョセフス・ダニエルズといっても日本でその名を知る人は少ないのではないか。しかし、彼は米海軍史では見逃してはならぬ人物である。

①ウィルソン大統領時代（1913〜1921）に海軍長官を8年間務め、歴代海軍長官中、最も長期間海軍長官だった人。

②海軍長官時代、第一次大戦（1914〜1918）が勃発し、1917年に米国も参戦した。この激動期に米海軍を率いて誤らなかった。

③長官として、米海軍に多くの新機軸を導入した。もっとも、上級海軍士官からこの新機軸は反発を食らった。だから、厳しい批判があったのも事実。

④海軍作戦部を創設した時の海軍長官。

⑤ダニエルズ長官の下で海軍次官だったのが後に大統領になるフランクリン・ルーズベルト。

ダニエルズは生粋の新聞人だった。18歳で北カロライナ州の地方紙のオーナーになり、21歳で地方紙3紙を手中に収めた。やがて、北カロライナ州の州都ラレーに進出し、州第一の新聞『ニュース&オブザーバー』を育て上げる。ラジオもテレビもない時代、新聞の果たす役割は大きかった。ニュースの提供だけでなく、世論指導や政治的発言にもその影響力は無視出来ぬものがあった。ちなみに、米国には日本のような全国紙はない。『ニューヨーク・タイムズ』

や『ワシントン・ポスト』は日本でも有名だが、その名前が示す通り、地方紙である。ダニエルズのように新聞人から海軍長官になった人に、第二次大戦中のフランク・ノックスがいる。ノックスも田舎の新聞記者から出発して、新聞経営者となり、多くの新聞を吸収合併して『シカゴ・デイリー・ニュース』という大新聞のオーナーになった人で、共和党副大統領候補になるほどの共和党の大物だった。

１９３９年９月、第二次大戦勃発後、米国は未だ中立であったが、民主党のフランクリン・ルーズベルトはこの年秋に行われる大統領三選を狙い、挙国一致内閣の名目を掲げ、政敵共和党の内紛を狙って、共和党内閣で国務長官の経歴のあるスチムソンを陸軍長官に、ノックスを海軍長官に入閣させた。共和党は政敵民主党に入閣したとして、両名を全国大会で除名処分にした。

ダニエルズ

ダニエルズは、民主党員であって、白人優位主義者（White Supremacist）であり、禁酒論者だった。生れ育った北カロライナ州の南部は、奴隷労働力で産業（綿花や煙草）が成り立っていた。南北戦争の結果、奴隷は解放されたが、投票にせよ公共教育にせよ、白人と同等の権利は持っていなかった。

共和党を中心に、黒人の権利拡大の主張はあったが、多くの白人は奴隷だった黒人を自分達と同じ人間とは思っていなかった。ダニエルズ家は黒人奴隷を所有していなかったものの、妻の家には黒人奴隷がいた。黒人に政治的権利を与えるのに反対する白人優位主義の立場がダニエルズで、経営する『ニュース&オブザーバー』紙もその立場を貫いた。当時は肌の色で支持政党が分かるといわれた。白人の多くは民主党支持、黒人のほとんどは共和党支持だった。

南北戦争時の、物心のつかぬ間に父を亡くしたダニエルズは、母親の女手一つで、三人兄弟の真ん中として育った。独立独歩、自助努力の人、英語でいうセルフ・メイド・マンだ。温和でソフトな語り口で、話がうまく、平和主義者。第一次大戦では、最後まで米国の参戦に反対した。

曽祖父のトーマスは、1780年、北アイルランドから4人の子供を引き連れて、新大陸の北カロライナ州に移住し、漁師として生計をたてた時から、ダニエルズの家系は始まる。スコッツ・アイリッシュと呼ばれるスコットランド人の血をひくアイルランド家系である。

北カロライナ州第一の新聞を経営していたダニエルズは、同州の民主党有力者となり、民主党全国協議会の委員となり、民主党全国大会で大統領候補指名選挙の選挙人となり、ウィルソン指名に尽力した。

1912年11月の大統領選挙で民主党のウィルソンが当選した。

ウィルソンは大統領選挙の論功行賞として、ジョセフス・ダニエルズを海軍長官に、またこの選挙によく動いたニューヨーク州議員のフランクリン・ルーズベルトを海軍次官に任命した。ウィルソンはダニエルズの快活さ、精力的働き、如才なさを買ったのだと言われる。新聞人の彼は議会がどのようにして動くかを熟知していて、議会対策屋としても有能であった。事実、上院、下院の海軍軍事委員会の主要メンバーとの間は緊密だった。ウィルソンは１９１３年３月から１９２１年3月まで二期大統領を務め、その間に第一次世界大戦があった。この８年間の海軍長官はダニエルズで、海軍次官はルーズベルトだった。

ダニエルズと言えば、禁酒運動にふれなくてはならない。禁酒問題は当時の大きなトピックスだった。禁酒論者は白人のプロテスタントで、反禁酒論者は共和党内の黒人との融和派に多く、その多くはアイルランド系のカトリックだった。禁酒論者としてダニエルズがニューポートの海軍大学校を訪れた時、海大内のバーに招かれた。飲み物を聞かれたダニエルズは、ただ一言「ホワイト・ロック」と言った。「ホワイト・ロック」は有名な水の銘柄だった。一緒にバーに入った高級士官達は「ホワイト・ロック」と言わざるを得ず、しぶしぶこの水を呑んだ。当然その座は白けただろう。

ダニエルズ長官は１９１４年7月、艦内での士官の禁酒を命じた。下士官・兵に対してはそれ以前の１８９９年から艦内は禁酒であった。当然反発も強かったが、禁酒論者ダニエルズは強引に実行した。

また、それまで軍医は一等軍医正とか、主計士官は主計監といった階級の名称を、大尉、中佐といった兵科将校式の階級名称にしたのもダニエルズだ。

閑話休題　◎禁酒法

米国はピューリタンの影響から飲酒に批判的な傾向があった。１９１４年、第一次大戦が勃発すると禁酒運動が著しく高まった。米国が第一次大戦に参入するのは１９１７年４月だが、この年の初めころには26の禁酒州があった。禁酒運動の高まりと共に連邦議会は禁酒法制定の土台となる憲法第18条修正を１９１７年12月に通過させ、１９１９年10月、法案提出者の名前を付けたボルステッド法と呼ばれる「禁酒法」（酒精飲料の製造、販売、運搬、輸出入の禁止）が制定され、１９２０年1月から発効した。

しかし、密造、密売が跋扈し、ギャング犯罪が横行するようになり、フランクリン・ルーズベルトが大統領に就任直後の１９３３年３月16日、ビール等のアルコール度の低い酒が解禁され、続いて同年12月５日の憲法修正によってウイスキーなども解禁となった。ウィルソン大統領時代（ダニエルズ海軍長官時代）の１９２０年からフランクリン・ルーズベルト大統領就任直後の１９３３年まで14年間続いた禁酒時代が終ったのだ。フランクリンの妻エレノアはセオドア・ルーズベルトの２歳下の弟エリオットの長女であるが、エリオットは重症のアルコール中毒となり、アルコールを断つため妻子を連れて欧州に渡ったこともある。このアルコール中毒が原因でエリオットは34歳の若さで死んだ。エリオットの妻アンナも長年の看病疲れで後を追うように亡くなる。幼くして父母を失ったエレノアと弟は、祖父母の下に預けられ、ここで育った。このようなこともあって、エレノアは極端とも言える禁酒論者だった。

２「軍人はシビリアンの指導に従うべきである」

セオドア・ルーズベルト大統領は熱心な海軍参謀本部設立論者だったが、任期中にこれを実現させることは出来なかった。実現したのはダニエルズ海軍長官の時代である。米陸軍は、セオドア・ルーズベルト大統領時代の１９０４年に、陸軍長官エリーフ・ルートによって参謀本部が創設されていた。

１９１４年に第一次大戦が勃発。ウィルソン大統領は中立を宣言したものの、いつ戦争に巻き込まれるか分からなくなった。ウィルソンやダニエルズは海軍改革には消極的な態度だった。ダニエルズは、水兵の福祉や教育には熱心なのだが、海軍参謀本部創設や艦船建造には関心を示さなかった。平和主義者のウィルソン大統領も同じである。

大戦勃発直後の１９１４年11月９日、長官補佐官ブラッドレー・フィスク少将はダニエルズ長官に、〇大戦に巻き込まれた場合の戦争計画が出来ていない、〇海軍の弱体、〇海軍に戦争計画を立案する参謀本部の不存在、〇海軍将兵の訓練が充分でない、とのメモを提出したが、ダニエルズは、米軍を軍国主義のプロイセン化してはならぬ、軍人はシビリアンの指導者に従うべきだとしてメモを顧みようとしなかった。

ダニエルズの考えの基本は、「軍人は国家政策に参画してはならない」「海軍は国務省が作った政策の実行機関である」だった。このような考えだったから、海軍の近代化に熱心な改革派

フィスク

士官には不評だった。改革派の代表はフィスクと、セオドア・ルーズベルト大統領時代に補佐官だったシムズ。二人とも後に海軍大学校校長となり、とくにフィスクは退役後も文筆で海軍政策を論ずることが多く、６冊の単行本を出し65編の論文を書いた。この点でマハンの後継者とも言えた。

フィスクは、初級士官時代は新造艦の電気関係兵備に携わり、海軍省兵備局の電気関係局員や兵備監査官としての経歴が長く、中佐時代に海軍大学に学んだ。ルーズベルト大統領による日本恫喝艦隊（16隻の戦艦群）である白色艦隊の戦艦艦長を務め、陸海軍統合会議、海軍将官会議でスタッフ勤務した後、巡洋艦戦隊司令、海軍将官会議メンバーとなっている。１９１１年から11年間という長期間、米海軍協会の会長職も務めた。

１９１４年、第一次大戦が勃発。米国が参戦する可能性があり、そのためには、早期の戦争計画樹立が必要であると考えたフィスクは、かねてよりの持論である海軍参謀本部の必要性をダニエルズ海軍長官に進言した。マハンも海軍参謀本部が必要なことをルーズベルト大統領に進言していたのだが、ルーズベルトの実行力をもってしても実現できなかった。

フィスクは、改革派の巨頭で熱心な海軍参謀本部設立論者だった。ダニエルズは「海軍士官のみによって構成される参謀本部が設置されたり、軍の一人の高級将校によって海軍が大きくコントロールされることは米国憲法の精神に反する」と考えていたし、セオドア・ルーズベルト大統領が議会に提出した海軍参謀本部法案も議会の受け入れるところにはならなかった。

状況が変わったのは、欧州情勢が緊迫化し、第一次大戦が勃発したことだった。フィスクは、ダニエルズ長官には秘密で下院議員ホブソンに直接会って、次のような自分の考えを述べた。①戦争に備えて海軍を準備させるためには、今の状況では５年間かかる。直ちに準備にかかるべきだ、②海軍参謀本部の必要、③今の海軍行政の効率を上げなければ、海軍の迅速な拡大は出来ない。④早急に航空エンジン開発計画を樹立すべきだ。

フィスクと彼に賛同する６人の同志士官は、秘密裏に15人のスタッフを擁する海軍作戦部法制化準備を始めた。１９１５年1月4日、ホブソン議員はダニエルズ長官に会い、海軍作戦部法案を提示したが、ダニエルズは反対を表明して、もし法制化されれば自分は辞任する、とまで極言した。

３　海軍長官の反対にもかかわらず海軍作戦部が創設

しかし緊迫する情勢のなか、議会要人にも理解が深まり、ホブソン下院議員の提案した海軍作戦部法案を下院の海軍委員会は採択し、法案は下院を通過。１９１５年1月6日、上院へ法案が移された。

ダニエルズは上院議員へ働き掛け、海軍作戦部長の権限を弱めるとともに作戦部スタッフを減らすことに狂奔した。ホブソン法案は「海軍作戦部長は海軍長官の下にあって、戦争準備に責任を持つとともに、これに関して一般的指示の任務を持つ（Under the Secretary of the Navy, is to be held responsible for the readiness of the Navy for war and in charge of its general direction)」とあったのを、「海軍長官の指示の下で、艦隊の作戦と戦時における使用のための作戦案の用意と準備の任務を持つ（Under the direction of the Secretary of the Navy, be charged with the operation of the fleet and with the preparation and readiness of plans for its use in war)」と改めさせ、ホブソン案の海軍士官スタッフ15名の記述も削除した。ダニエルズ長官によるホブソン改正案が上院を通過して海軍作戦部創設法が成立、海軍作戦部は1915年3月3日に創設された。

軍人はシビリアンの指導に従うべきであるという米国建国の精神に反するとして、海軍作戦部創設に反対し続けたダニエルズは、海軍作戦部発足後も、作戦部長の発言力が高まるのを恐れた。そこで、見識を示したことのないベンソン大佐を、5人の先任大佐、26人の将官を飛び越えて作戦部長に任命した。ベンソンは、海の男としては有能だったが、海軍戦略などに関心を示したことは一度もなく、海軍大学校高級コースに学んだことも、長官の戦略・軍政諮問機関である海軍将官会議（General Board）のメンバーになったこともない一海軍大佐だった。ダニエルズは新設の作戦部長の立場を尊重せず、作戦部長には各局長に指示・指導する権限を与えなかった。

ベンソンが選ばれたと聞いて、フィスクは日記に書いた。

「海軍省の将官全部、フランクリン・ルーズベルト次官、海軍省の人々全てが自分を作戦部長に任命して然るべし、と考えていた。しかし、ある人の意見は違った。その人は海軍長官だった。（初代作戦部長に任命された）白いヒゲのジョージア人ベンソンはダニエルズのタイプだ。威厳ある紳士、非の打ちどころのないその習慣、宗教心に厚く、良心的であるが、戦略に関してちょっとした関心を示したことも聞いたことがない」

ダニエルズ長官は、日常の事務処理的事項はフランクリン・ルーズベルト次官に委ね、政策的なことは航海局長（人事を担当）と機材関連の長官補佐官に頼ることが多かった。長官補佐官制度が廃止されて以降は、毎週開催される次官、海軍作戦部長、７人の局長、法務部長、海兵隊司令官が出席する定例会議に頼った。ダニエルズは心身共に頑健そのものの精力家で、86歳で死ぬまでの70年間、朝早くから夜遅くまで仕事の毎日だった。特に、海軍長官時代には長官任務と新聞編集・経営に精励し、この任期８年間、病気で休んだ日は一日もなかった。病気で数日寝ることも生涯一度もなかったというから、体力と精神力の強さは桁外れだ。

ベンソン

フランクリンは大酒家ではなかったが、よく酒を飲んだ、ダニエルズは、ウィルソン内閣の国務長官ブライアンと同様、禁酒主義者で禁煙家。太っちょで、成人してからは、スポーツや運動は一切やらなかった。運動といえば、昼食時のちょっとした歩行だけ。

海軍長官反対の中で設立された海軍作戦部だったが、その後、徐々に地位が高まっていく。機能充実の一つは第一次大戦後に戦争計画部（War Plan Division）が創設されたことであった。従来、仮想敵国に対する作戦計画は海軍大学校で検討・策定されていたが、海軍作戦部内に戦争計画部が出来てからは、ここが主担当部門になり、例えば、対日戦争計画であるオレンジ計画はここで詳細が策定されている。作戦部長には大将の階級が与えられるようになった。

第5章

❖

第一次大戦と
フランクリン・ルーズベルト海軍次官

1　フランクリン・ルーズベルトの生涯

フランクリン・ルーズベルトは、ハドソン川上流ハイドパーク村の自宅で１８８２年1月30日に生まれた。父ジェームズは弁護士資格を取った人で、資産家のうえ人望があった。ニューヨーク州議員に推されたり外国駐在公使の声もあったが、直接責任のある地位の仕事には就かず、ハイドパーク村周辺の春秋を愛し、夏は欧州、冬はニューヨーク市内のマンションで過ごす生活を続けた。フランクリンには27歳年上の、後にウィーン駐在公使になる兄ジェームズ・R・ルーズベルト（通称ロージー）がいたが、既に家を出ていた。父はデラノ家のサラと再婚し、二人の間に生まれたのがフランクリンだ。

デラノ家は支那から茶の輸入業を始めて資産家となった。特に南北戦争中は陸軍省医務局から麻酔用の阿片輸入を一手に引き受け巨利を得た。サラは父と共に8歳の時、2年間支那で過したこともあって支那贔屓《ひいき》だったが、これは息子フランクリンにも伝わった。母サラは一人息子のフランクリンに盲愛といっていいほどの愛情を注いだ。父ジェームズにとっては54歳で生れた子供は孫のようなものだ。

異母兄ジェームズが家を出ていたので、実質一人っ子同然だった。ハイドパーク村の館で、多くの召使にかしずかれて育ったルーズベルト少年は、この村の少年たちと遊ぶことは禁じられた。ハイドパーク村の住民にとってルーズベルト家は別格なのだ。１９２５年のデータだが、住民９００人のうち１７５人がルーズベルト家の農場小作人などをしており、ルーズベルト家に頼って生活していた。

ここで、フランクリン・ルーズベルトの理解のため、前もって彼の略歴を書いておく。
○幼少期は家庭教師の指導を受ける。
○１８８７年、５歳のフランクリンは、ニューヨーク州で有名な民主党員だった父とワシントンに行き、ホワイトハウスでクリーブランド大統領に会った。
○１８９６年、14歳でボストンの西にある全寮制グロートン校に入校。この時、当時ニューヨーク市の警視総監だった遠縁のセオドア・ルーズベルトが来て、生徒一同の前で講演した。セオドアは、その直後ニューヨーク州知事になるが、州知事就任式には父母と共に参列した。グロートン校では、頭が切れるタイプではなかったが、成績は悪くなかった。
○１９００年、ハーバード大学に入学。スポーツ、学業に特別の才を発揮したわけではなく、学生新聞「クリムゾン」の編集部に入り、編集長になったのが唯一の目立ったことだった。ある友人は「フランクリンは温和さの中に、摩擦を起こさず人々を統率する能力があった」と言う。ハーバード大学卒業後、コロンビア大学法律学校を出て、弁護士となる。
○１９０５年、ホワイトハウスで、大統領セオドア・ルーズベルトの媒酌により、大統領の姪エレノアと結婚。フランクリン22歳、エレノア19歳だった。
○１９１０年、28歳でニューヨーク州議員に。
○１９１２年の大統領選挙では、民主党大統領候補のウィルソンの選挙運動に働いた。その論功行賞で１９１３年、31歳でウィルソン内閣の海軍次官。
○１９１４年、第一次大戦勃発。１９１７年4月、米国参戦。１９１８年欧州出張。
○１９２０年、民主党ジェームズ・コックスの大統領選出馬に副大統領候補となる。38歳。
○１９２１年、キャンポベロ島（メイン州北のカナダ領）の夏の別荘で小児麻痺となる。39歳だった。別荘に温泉プールを作り、リハビリに専念するも、以降、死ぬまで車椅子生活だった。細心に世間に隠したので、ほとんどの国民のことを知らなかった。
○１９２９年、ニューヨーク州知事。
○１９３３年3月、大統領就任。この年1月ヒトラー内閣成立。
○１９４０年6月、第三次ルーズベルト挙国一致内閣を発表。この年秋の大統領三選を目指し、政敵共和党の内紛を狙って、共和党の大物であるノックスとスチムソンを海軍長官、陸軍長官として入閣させる。ノックスとスチムソンは共和党から直ちに除名処分を受けた。
○１９４１年12月7日（ワシントン時間）太平洋戦争勃発。対独宣戦布告。
○第二次大戦が終局を迎えつつあった１９４５年４月12日死亡。享年64。

2　ニューヨーク州議員から海軍次官に

フランクリンは私立全寮制のグロートン高校からハーバード大学を卒業。エレノアと結婚してコロンビア法律学校に入り、弁護士資格を取った。

１９１０年、ハイドパーク村のあるダッチェス郡からニューヨーク州上院議員に立候補しないか、という民主党支部からの誘いがあった。この地区は共和党が圧倒的に強く、民主党から立候補を望む者が少なかった。ルーズベルトなら地元の名家で、選挙費用は自分で出すだけの資力があるというのが理由だったが、誰も勝てるとは思っていなかった。

４週間の選挙戦には２５００ドル以上の選挙資金が必要だったが、フランクリンにはさほどの負担ではなかった。ハーバード時代に父は死んでいたが、母サラは実家のデラノ家から１３０万ドルの資産を相続していたし、父ジェームズの遺産はハイドパーク村の農地を中心にそれ以上の資産がある。父母は信託金融機関から年間に６０００ドルから７５００ドル受け取っていた。熟練工の日当が約1ドル、１ダースの卵が14セントの時代である。

28歳のフランクリンは選挙区をしらみ潰しに巡ることに決めた。立候補第一声をあげた夜は民主党応援者の家に泊った。太平洋戦争中は海軍次官、海軍長官を務め、戦後初代国防長官となったジェームス・フォレスタルの家である。フォレスタルの父はルーズベルトの選挙参謀だった。当時フォレスタルは、まだ少年だったが、民主党系の地方紙『マテワン・ジャーナル』の編集を手伝っていた。

フランクリンは、この時代には珍しい自動車に乗って、ニューヨーク州の各地を演説して廻った。共和党の対立候補に辛勝して、１９１１年、ニューヨーク州議員となる。これは、一族のセオドア・ルーズベルトの政治経歴スタートがニューヨーク州議員だったのと同じだ。

翌1912年の大統領選挙では民主党ウィルソンが勝利した。その大きな理由は共和党が二つに割れ、元大統領のセオドア・ルーズベルト（進歩党）と前大統領のタフト（共和党）が立候補したためだ。

大統領選挙で、ウィルソンのために大いに働いたのが、北カロライナ州を基盤とする新聞経営者のジョセフス・ダニエルズだったことはすでに述べた。ウィルソンは論功行賞として閣僚ポストの海軍長官を用意し、次官を誰にするかはダニエルズに委ねた。

北カロライナ州の町で生れ育ったダニエルズは海や船のことは知らない。ウィルソンから海軍長官への任命の内示を受けて、次官にニューヨーク州議員フランクリン・ルーズベルトを考えた。1912年のウィルソンの大統領選挙の時、ボルチモアの民主党大会でフランクリンに会ったきりだったが、元大統領セオドア・ルーズベルトの雷名が生々しく残っている時代である。ルーズベルトの名前がダニエルズにとって魅力だったのだ。とはいえ、ダニエルズとフランクリンは対照的だった。フランクリンが貴族的育ちで北部のエリート教育を受けたのに対して、ダニエルズは母子家庭で育ち、独立・独歩で北カロライナ州第一の新聞の社主にまでなったのだから。

所属する政党が異なるとはいえ、セオドアとフランクリンは、同じニューヨーク州を選挙基盤とする遠縁の家柄である。フランクリンの妻エレノアはセオドアの弟の長女で、結婚の媒酌人は大統領だったセオドアだった。家系とか学歴に恵まれていないダニエルズにとって、31歳のフランクリン・ルーズベルトは魅力的だった。

1913年3月4日、ワシントンのホテルでダニエルズはフランクリンと会い、海軍次官就任を要請した。政治家を目指していたフランクリンはすぐに応諾した。グロートン高校時代からマハンの『海上権力史論』を愛読しており、海軍には関心が深かった。ダニエルズが経営する新聞は、「フランクリン・ルーズベルトは、テディー（セオドア・ルーズベルトの愛称）の後を歩み始めた」と書いた。海軍次官になったのは、セオドアは39歳だったがフランクリンは31歳である。

セオドアからお祝いの手紙が届いた。

「貴君が海軍次官に任命されたことに、大変喜んでいます。私がかつて経験した職務に貴君が就くことは興味深いことです。貴君が充分楽しむこと、重要な職務をやり遂げることを確信しています。貴君と私の姪エレノア（フランクリンの妻）に会った時、その余は、万々話しましょう」

3　海軍に君臨していたルーズベルト一族

ルーズベルト一族と海軍との関係は深い。

セオドアもフランクリンも海軍次官を経験して大統領になった。セオドアは三流だった米海軍を世界第2位（第1位は英海軍）の海軍に増強した。フランクリンは第二次大戦を戦い、世界一の海軍国の座を英国から奪って、七つの海を支配する米海軍に育て上げた。

民主党のウィルソンが2期8年間大統領を務めたが、第一次大戦後は共和党のハーディングが大統領となり、海軍次官にセオドアの長男セオドア・ルーズベルト・ジュニアを任命。ワシントン海軍軍縮条約の交渉時、海軍上層部の提督達は主力艦で英国を抜くことを希望して、英国と同量になるのに猛反対した。この時、海軍省に提督達を集めて一喝して黙らせたのはこのセオドア・ルーズベルト・ジュニアだった。

ワシントン海軍軍縮条約が調印されたのは1921年12月。フランクリンが大統領になると、一族のヘンリー・ルーズベルトを海軍次官にする。ヘンリーはアナポリスの海軍兵学校を中退して海兵隊に入隊し、海兵大佐で退役後は実業界で活躍していたのだが、海軍次官に就任したものの、病没し、フランクリンを落胆させた。

20世紀になって第二次大戦終結近くまでの40年間、ルーズベルト一族は大統領として16年間、海軍次官として14年間、海軍に君臨していた。これは米海軍史上に特記すべきことである。

4　海軍次官としての仕事ぶり

フランクリンには、常に遠縁の元大統領セオドア・ルーズベルトの名前が付きまとった。ニューヨーク州議員、ニューヨーク州知事、大統領と、上司に仕えたことがなかったフランクリンだが、唯一の例外は次官としてダニエルズ海軍長官に仕えたことであった。8年間務めた次官を辞任する際は、「実に賢明に私を教えて下さった」と感謝の書信を書いている。終生、ダニエルズの徳を讃え、長官（Chief）と呼んだ。その恩に報いるため、大統領となると、直ちにダニエルズをメキシコ駐在大使に任命している。

フランクリンは米国史上に例のない４期連続大統領に当選した。大統領時代、米海軍を「マイ・ネービー」と豪語し、海軍に関しては誰よりもよく知っているとの思いが強く、海軍内に強固な人脈を作ったが、これは８年間の海軍次官時代に築かれたものだった。

少年時代にカナダ領キャンポベロ島の夏別荘でヨットに興じていた頃から、海やクルージングが好きで、最晩年には女性秘書に「海上にあって何かあったら海に埋葬して欲しい。君も知っているように、海は自分の家のようなものだ」と遺言めいたことを言っている。

ダニエルズ長官は、自身が経営する新聞に精力と時間を費やすこともあって、多くの日常の事務的事項は次官のフランクリンに委ねた。言葉を変えれば、やりたいようにやらせ、結果としてフランクリン・ルーズベルトを育てたのだ。

フランクリン・ルーズベルト

フランクリンは海軍次官に就任すると、16年前にセオドア・ルーズベルト海軍次官が使用した執務机を海軍省倉庫から出して使うことにした。

海軍次官は海軍の軍務行政の要だ。年俸は４５００ドル。２週間ごとに現金で支払われる。日によっては、３００枚から４００枚の書類にサインする。

仕事はルーチンのものがほとんどとはいえ、海軍省の全体に関連するものだ。海軍省の購買、補給、財務が主任務で、数千人のシビリアンを統括し、ワシントン海軍工廠の幹部とも会う。

１９１３年当時の海軍人員は５万９０００人。艦船２５９隻で、そのうち21隻が戦艦だった。海軍予算は1億４３５０万ドル。これは連邦政府予算のほぼ20％だ。太平洋方面での米海軍は弱小であり、パナマ運河はまだ開通していなかった。セオドア・ルーズベルトはフランクリンに１９１３年5月10日付で次のような書簡を送った。

「私は貴君にアドバイスする立場にはないが、ある重大問題については貴君に注意を促したい。私は日本とのトラブルを予想していなかったものの、（筆者注：最近の日米間の緊張を考えると）彼等は（筆者注：米国攻撃に）やって来るかも知れないし、突然にそうして来るかも知れない。そうなれば、米艦隊を大西洋と大西洋に分けて配置していたら、政府は弁解できない立場になろう。太平洋に相応の米艦隊が存在していないのだから、とりあえず、１隻の戦艦か、戦艦に相当する強力な艦を配置しておくべきだ。（筆者注：日本海海戦で海軍が全滅した後の）ロシアの運命は、どんな時代においても、我々に警告している。戦争の可能性は少ないとしても、艦隊を太平洋と大西洋に分けて配置して置くことは犯罪的愚行である」

このアドバイスは、パナマ運河開通前の（開通後もそうだったが）大西洋と太平洋の両洋に臨む米海軍の戦略上の大問題を指摘したものだった。後に、フランクリンが大統領になってから、新鋭主力艦（戦艦と空母）を一括して太平洋岸に配置し、旧式巡洋艦を大西洋岸に配置したのはこのような考えからであった。そして、対日関係が更に悪化すると、艦隊を本土西海岸のサンディエゴからハワイの真珠湾に移すよう命じた。これに反対した太平洋艦隊長官リチャードソンは即座に更迭されている。艦隊を外交政策に活用するのはセオドア・ルーズベルトと同じであった。

フランクリンは、ダニエルズ長官が不在の時は自分の思い通りに仕事をした。オハイオ川の増水でデイトン市やシンシナティー市が洪水に襲われ、オハイオ州では４６７人が犠牲になり、２万戸が破壊された。長官不在時のこの水害対策で、後に民主党大統領候補となるオハイオ州知事のジェームズ・コックスと知り合った。第一次大戦後の１９２０年の大統領選挙時にコックスはフランクリンを副大統領候補に選んでいるが、この時は共和党のハーディングに敗れた。

ダニエルズ長官は海軍省に登庁しないことが多く、書類箱からは未決書類が溢れ出ている。仕事が進まないと、局長クラスが次官に泣きついてくる。ルーズベルト次官の下で６年間建艦局長だったエモリー・Ｓ・ランドは後に次のように回想した。

「ダニエルズ長官は自分が乗り気でない事案には極度に優柔不断で決定を先延ばしする傾向があった。長官が出張すると、ルーズベルト次官は長官決済書類箱を整理し、緊急のものを決済してくれた。だから、次官は省内で頼りにされていた」

そして、ルーズベルト次官は必要とあれば、大統領の了承を得るためホワイトハウスにも出向いた。ダニエルズ長官が登庁すると事後報告した。ダニエルズは、黙っていて何も言わなかった。

ルーズベルト次官は、艦隊や海軍工廠への公式観閲を好んだ。次官を迎える17発の礼砲が殷々として港内に轟く。それまで海軍次官旗はなかったのだが、ルーズベルトは自分でデザインして、白地に4つの星をあしらった海軍次官旗を創った。次官が艦隊を訪問すると、これがマストに掲げられるようになった。

5　第一次大戦勃発とルーズベルト次官の活躍

1914年6月28日、オーストリア皇太子夫妻がサラエボで暗殺され、第一次大戦が勃発。英国は8月4日、ドイツに宣戦。日英同盟により8月7日、英国は日本に対独宣戦を要請した。マハンは日英同盟により日本の参戦は不可避だろうと考えた。参戦すると、米国領フィリピンへの海路の脇腹に位置するドイツ領パラオ、マリアナ、カロリン、マーシャル、そして豪州、ニュージーランドに近いサモアを日本が取ることは戦時行為として当然許される。これを心配したマハンはルーズベルト次官に手紙を書いた（1914年8月18日付）。

日本の対独宣戦は8月23日。マハンの心配は的中した。日本はパラオ、マリアナ、カロリン、マーシャルを占領し、戦後これらの島々は日本の国際連盟委任統治領となった。第二次大戦中、これらの島々が日本軍の主要基地となって激戦が行われたことは周知の通りだ。

第一次大戦が勃発した時、夏休暇でキャンポベロ島の別荘に滞在していたフランクリンは、急遽ワシントンに帰ることとし、帰途ボストンとポーツマスの海軍工廠を視察した。

キャンポベロ滞在中、マハンからの書信が海軍省に届いた。内容は、「内閣に誰も知っている者がいないので貴君に書いた。メキシコ周辺に滞在している艦隊を呼び戻すべきだ」というものである。フランクリンは海軍次官就任直後、マハンに書信を送り、米艦隊の配置について意見を聞いたことがあった。１９１４年11月末、マハンが海軍省を訪れた時、フランクリンは不在だった。そしてその１週間後にマハンは死去。

フランクリン・ルーズベルトがマハンの信奉者だったことは周知の事実で、セオドア・ルーズベルトほどではないが、マハンの考えから強い影響を受けていた。

12月15日には、下院海軍軍事委員会の公聴会に呼ばれ、海軍の準備状況を質問された。フランクリン自身は英国との同盟論者であり、ブライアン国務長官やダニエルズ海軍長官の平和主義には疑問を抱き、二人の欧州の戦争への認識が薄いことを危惧していたが、公の場では海軍次官としてダニエルズと足並みを揃えるよう心掛けねばならなかった。

１９１５年2月、パナマ運河開通記念祝祭がサンフランシスコで行われ、フランクリンは特別仕立列車で赴いた。海のクルージングと同様、列車旅行も好んだが、これは大統領になってからも変わらなかった。パナマ運河の正式開通は8月15日。

１９１５年7月、ルーズベルト次官は、急性盲腸炎となり、ワシントンの海軍病院に入院。退院後はキャンポベロ島の別荘で5週間静養した。その間、「潜水艦の将来」、「海軍のコスト」の二本の論文を執筆した。前者は『北アメリカ評論』誌１９１５年10月15日号に、後者は

『エコノミック・ワールド』誌1915年9月号に掲載された。セオドア・ルーズベルトは、文筆家の一面があって、多くの著作があるが、フランクリンはペンの人ではなく、この二本と、後述の『アウトルック』誌、『ワールド・ワーク』誌、『スクライブナーズ・マガジン』誌への寄稿を除いて著作らしい著作はない。また、セオドアは、友人が書いた著作をもとに議論したり書信の往復を好んだが、フランクリンにはそうしたことがなかった。そもそも、心を許して、率直な意見を交わす友人がいないのがフランクリン・ルーズベルトなのだ。

フランクリンにとって必要なのは、議論する相手でも意見を言ってくれる人でもなく、言わなくても自分の考えを忖度して、その実現に励んでくれる者だった。第二次大戦中に政治参謀長として使ったホプキンスや、軍事参謀長だったリーヒはその典型である。

性格的にも、竹を割ったような、単純、熱血的で一刀両断型の男性的なセオドアに対して、複雑な性格でオープン・マインドでなく、周到な配慮の上で決定するのがフランクリンだ。陽と陰と言ってもいい。セオドアは、アルコール中毒になって問題を度々起こす次弟の面倒を最後まで見た骨肉の情の人で、女性関係は清らかであった。

フランクリンはその中に4人の人格が内在していると閣僚から言われる程、複雑な性格だった。自分の意見を明らかにすることは少なく、反応を見るため反対の意向を示すことすらあった。一人っ子で老齢の両親の溺愛の下で育ったためか、「貴人に情なし」の酷薄さがあり、艶福家だった。名門出身、性格が複雑、艶福家となると、同時代の日本の政治家近衛文麿公爵と比較したくなる。ただ近衛は華冑界出身者にありがちの弱志薄行型で、思い通りにならぬとすぐ内閣を放り出す傾向があり、粘着力、決断力、その他で政治家としてはフランクリンに劣っているると言わざるを得ない。

陸軍大学校は兵力を現在の3倍である14万1000人と40万人の予備軍計画を作成した。この頃、フランクリン海軍次官が新しい陸軍長官になるとの噂が出た。

1916年5月7日、イギリスの客船ルシタニア号がドイツ潜水艦U20号に雷撃され、わずか18分間で沈没した。1201人が犠牲となったが、そのうち124人が米人だった。米国の世論は硬化し、これが米国が参戦するきっかけとなった。内閣の中立論者はウィルソン、ダニエルズ、ブライアンの三羽烏で、主戦論者は陸軍長官のリンドレー・M・ガリソン。6月8日、ブライアン国務長官は辞任し、ルーズベルト次官と考えを同じくするロバート・ランシングが新国務長官になったが、ダニエルズ海軍長官は辞任しなかった。

主戦派新聞の『シカゴ・ポスト』紙は、「強固な精神と意志の強い次官がその地位に就くべきだ。その名はいうまでもなくフランクリン・D・ルーズベルトだ」と、平和主義者ダニエルズに代ってフランクリンが海軍長官になるべきだと書いた。

中立を守っていた米国も1917年4月、ドイツに宣戦布告し参戦。ルーズベルト次官の推挙で海軍大学校校長のウィリアム・S・シムズ少将が海軍を代表して英国に駐在することになった。出発に際して訪れたシムズに、初代海軍作戦部長になって2年目のベンソンは「英人に騙されてはいかんぞ。火中の栗を拾うのは我々の仕事ではない。やがて我々はドイツと同じように英国と戦うのだ」と言ってシムズを唖然とさせた。

ダニエルズ長官は徹底した平和主義者だったし、ベンソンは大の英国嫌いだった。米海軍内には英国崇拝者（Anglophile）とともに英国嫌い（Anglophobe）も少なくなかった。ちなみに、太平洋戦争中、米海軍トップだったキングも後者で、英国式黒のダブル・ボタン式軍服を米海軍独自の灰色、シングル・ボタン式に代えさせたほどで、英海軍首脳と会う時には、「英海軍は世界一だったかも知れないが、今は違う」などと発言し、険悪な雰囲気になることが多かった。

米国が参戦すると、燃料、食料、労働力、貿易の国家管理が始まった。これは、後にフランクリンが大統領候補になった時に実行されるニューディール政策のリハーサルと言っていいものだった。

海軍省に厖大な仕事の波が押し寄せた。これを先頭に立って捌いたのがルーズベルト次官だ。「何でもやった。次官がやってはならぬという規則や法律は何もなかった」と、後に語っている。Uボート跳梁対策のため、スコットランド北部とノルウェーとの間に水中機雷原を設置し、Uボートがドイツ国内基地から大西洋に出られないようにするアイデアを出したのもルーズベルトで、これは実行され相応の成果があった。第二次大戦時、ドイツがノルウェーとデンマークを迅速に占領したのは、スコットランド・ノルウェー間にこの水中機雷原を作らせないためだった。

「海軍と海兵隊の動きが順調かどうか、自分の目で確かめたい、そうでなければ、暗闇の中で駒を進めるようなものだ」とルーズベルト次官は、欧州出張をダニエルズ長官に希望した。

１９１８年7月9日、輸送船団を護衛する竣工１週間後の新造駆逐艦ダイヤー（１０６０トン）に乗艦して米国を離れた。乗り心地の良い大型客船でなく、駆逐艦に乗って対Ｕボート戦の実態を知ろうとしたことに、30歳代だった次官の客気を感じる。５日後には荒天となり、駆逐艦ダイヤーは木の葉のように揺れた。途中、アゾレス諸島に寄り、エンジンの故障を修理し、対潜水艦砲や爆雷のテストを行った。ルーズベルトは、この15年後に大統領になるが、執務室には駆逐艦ダイヤーの油絵を飾っていた。よほど思い出が深かったのだろう。

７月21日、ポーツマス着。米派遣艦隊司令官のシムズが出迎えた。ゲジス英海相や国王ジョージ5世とも会い、ウェールズとアイルランドの米海軍駐在基地や英国の造船所を訪問した。英国造船所では戦時標準型輸送船建造に切り替えていた。前海相でその後は軍需大臣となっているチャーチルとは会えなかった。両者が会うのは23年後の１９４１年の夏のカナダ・ニューファウンドランド沖の米巡洋艦オーガスタ艦上である。この時、二人は米国大統領、英国首相であった。

英国からフランスに渡り、77歳の老首相ジョージ・クレマンソーとも会った。８月3日、パリでは、セオドア・ルーズベルトの長男セオドア・ジュニア少佐、三男アーチバルド中尉と会った。二人は戦傷を負い病院で治療中だった。陸軍航空隊に入隊した末っ子で四男のクエンチンは搭乗機が撃墜され戦死していた。８月４日、前線に足を伸ばし、海兵隊第５大隊を視察した。海兵隊は総計１００人の士官を失い、下士官・兵の５５００人が戦死・戦傷していた。

ローマにも行き、フランスから再び英国に渡った。ロンドンからスコットランドまで鉄道で赴き、自分のアイディアで実現されている対潜水艦機雷原を視察し機雷設置を現場で見ている。

9月5日にダニエルズ長官に電報で「海軍か海兵隊に入隊して前線に出たい」と伝えた。前線で戦ったという経歴は、今後の政治活動に大きなプラスとなる。一族セオドア・ルーズベルト家の全男子が、前線で戦い、戦死したり負傷したりしていることも、フランクリンの心理に影響を与えたであろう。第一次大戦中、フランクリンの子息は年少で軍隊に入れる歳ではなかったが、第二次大戦では全男子が軍役に就いた。長男のジェームズは海兵奇襲大隊の副指揮官として、潜水艦からゴムボートを出してマキン島奇襲作戦を敢行している。

9月末に帰国したフランクリンは長文の欧州視察報告書を提出した。その正確さと賢明な提言に感銘を受けたダニエルズは、閣議でも紹介して称賛した。その後も、フランクリンは軍服を着ることを熱望し続けた。

ちなみに国務省、陸海軍省は同じ建物に同居していたが、大戦集結直前の1918年10月初旬、海軍省はメイン・ネービーと呼ばれる新築ビルに移転。

1918年11月、第一次大戦は終了。ロシアでは共産革命が起こり、ロマノフ王朝が倒れ、ドイツ皇帝ウイルヘルム2世はオランダに亡命した。

６　海軍行政を知りつくした自信と人脈の形成

１９１８年11月、第一次大戦は終った。この時の経験は、世界海軍の実情を知り尽くすだけでなく、世論の動向を見極めること、国家総力戦への認識を深めさせるものとなった。

ウィルソン内閣での海軍次官としての８年間は、血気と精力溢れる30歳代のフランクリン・ルーズベルトに大きな活躍の場を与えた。精力的な仕事への取組みを認めぬ人はいなかった。海軍行政のトップマネジメントにどっぷり浸っての８年間で、海軍のことは誰よりも知悉しているとの自信を持つようになった。

大統領になってからルーズベルト・サークルとして特別目をかけられた提督達はこの時代にルーズベルト次官から知遇を得ている。首都ワシントンを流れるポトマック川には、海軍長官ヨット・ドルフィンが係留されており、艇長はウィリアム・D・リーヒ少佐。ルーズベルト次官は、よくこのヨットを利用した。その後、リーヒは海軍長官補佐（人事担当）となり、二人の住居が近かったこともあって、ルーズベルトとリーヒは懇意になった。

ルーズベルトが大統領となると、海軍の主要ポストはルーズベルト閥で占められた。その代表がリーヒだった。リーヒは太平洋戦争中、統合参謀長会議議長として、また大統領の軍事参謀長としてホワイトハウスにオフィスを持っていた。前線司令官からの電報や現地軍に出す電報の中から、大統領に見せるべきものを選んで直接大統領執務室に届けるのは彼の仕事だった。

太平洋戦争勃発時の太平洋艦隊長官キンメルはルーズベルト次官の副官だったし、同じく太平洋戦争勃発時の海軍作戦部長スタークも、ルーズベルト次官をキャンポベロの別荘に送る駆逐艦の艦長で、この時の対応が気に入られてコネクションが出来、ルーズベルト閥の一員になった。

閑話休題　◎マハンとセオドア、フランクリン両ルーズベルトの文通

The Ambiguous Relationship: Theodore Roosevelt and Alfred Thayer Mahan, by Richard W. Turk, Greenwood Press, 1987. という本がある。

この本には、セオドア・ルーズベルトからマハン宛56通（１８９０年5月12日から１９１１年12月21日まで。うち親展6通）、マハンからセオドア・ルーズベルト宛30通（１８９３年3月1日から１９１１年12月23日まで。うち親展2通）、フランクリン・ルーズベルトからマハン宛２通（１９１４年5月28日から１９１４年６月16日まで）、マハンからフランクリン・ルーズベルト宛５通（１９１４年６月２日より１９１４年８月18日）の往復書簡が掲載されており、マハンとセオドア・ルーズベルトの緊密な交友、フランクリン・ルーズベルトとの繋がりが分かる。

マハンは１９１４年12月２日にワシントン海軍病院で死去するが、マハン未亡人からフランクリン・ルーズベルト宛の１９１５年1月９日付の書信もある。これによると、マハンは生前、フランクリン・ルーズベルトとは会ったことがなかったようである。

フランクリンが、十代のグロートン高校時代、『海上権力史論』に熱中し、海軍次官、大統領時代を通じて「海を制する者が世界を制する」というマハン理論を信奉するシビリアンの代表的存在となった、との指摘については、William L. Neumann "Franklin Delano Roosevelt：A Discipline of Mahan" *US Naval Institute Proceedings* July 1952. を参照。

第6章

第一次大戦後の軍縮時代
―対日戦への序曲と４人の作戦部長―

1　対日戦を念頭に大演習を敢行した第二代海軍作戦部長クーンツ

第一次大戦後の海軍縮小の課題

１９１４年８月４日から１９１８年11月11日に至る４年３ヵ月に及ぶ大戦争であった第一次大戦中の１９１５年に米国では海軍作戦部が創設され、ベンソンが初代作戦部長になった。未曾有の大戦争終了後に二代目作戦部長に就任したのがロバート・Ｅ・クーンツで、１９１９年11月１日から１９２３年７月21日まで務めた。

クーンツの任期中に日米間の対立が顕著になった。元々、米国の仮想敵国第一は独立戦争以来英国で、野心家ウィルヘルム２世のドイツに代わってからはドイツが仮想敵国の第一になっていたのだが、ドイツ敗戦によって、米国の仮想敵国第一は日本となった。

第一次大戦で自国が戦場にならず、武器・艦船などの輸出で厖大な金が入ったのは米国と日本。日本は長らく対外債務国だったが、この大戦後には債権国になった。また、旧ドイツ領マーシャル、カロリン、マリアナの各諸島が日本領（正確には国際連盟からの委任統治領）となった。これら諸島は米ハワイから米国植民地フィリピンや米国海軍基地グアム島との間に横たわっている。

クーンツの直面する難題は、第一次大戦中に膨れ上がった海軍の平時移行だった。海軍予算や人員の大幅な削減を議会から求められた。戦後の厭戦気分は議員たちにも広がっており、海軍基地施設や海軍工廠の縮小に関してクーンツと議員たちの間は悪化した。特に上院議員からのクーンツ攻撃は激しかった。海軍長官はエドウィン・デンビー、次官はセオドア・ルーズベルト元大統領の長男セオドア・ルーズベルト・ジュニアだった。

１９１６年の建艦計画を縮小したものを１９２０年末に議会に提出したが、そのための予算は認められなかった。共和党のハーディング大統領政府は緊縮財政指向であり、クーンツはこれとも戦わなくてはならなかった。クーンツはある雑誌に次のような自分の考えを寄稿した。

○軍は国家政策実現のための道具に過ぎず、国家政策に従わねばならぬ。
○陸海軍縮小問題は、国家外交政策に対する意見の相違から来ている。
○軍は外交政策などに適切な情報を与えられていないので、充分な情報を受けるべきだ。
○国務省が陸海軍統合会議（Joint Army and Navy Board. 統合参謀本部の前身）によく説明することによって、軍と国務省のギャップが埋められる。

ワシントン海軍軍縮会議をめぐる三大海軍国のかけひき

第一次大戦中の大統領は、１９１３年3月から１９２１年3月まで2期務めた民主党ウッドロー・ウィルソン。彼は、ドイツが敗れた戦後の世界体制を取り決めたベルサイユ条約締結や国際連盟発足（議会の反対で米国は不参加）に尽力した。

ウィルソンの後任大統領は共和党のウォーレン・G・ハーディングで、国務長官にヒューズ、海軍長官にはデンビーを指名。大統領就任４ヵ月後の１９２１年7月11日、ハーディングは海

クーンツ

軍軍縮と極東問題を討議するため、当時五大強国と呼ばれていた英日仏伊の代表をワシントンに招くと発表。後に、支那、ポルトガル、オランダ、ベルギーの代表も招かれることになった。

この会議に備えて、ハーディング大統領とヒューズ国務長官への提案策定のため、クーンツとセオドア・ルーズベルト・ジュニア海軍次官は、海軍将官会議（General Board）に諮問した。しかし将官会議メンバーは列強の軍備制限を信用せず、最小限の軍縮案を提出。ヒューズ国務長官はこれに満足せず、「建艦即時停止」の考えをクーンツとプラット海軍作戦部次長に示した。海軍将官会議は、日本の対英米比率が5割以上となることを不可とする強硬な態度であった。このため、クーンツ、プラット、セオドア・ルーズベルト・ジュニアの3人は、条約締結を願うヒューズ国務長官の立場を考え、英米日の戦艦兵力を5：5：3とする案を作り、「これが海軍側の最大の譲歩だ」としてヒューズに提出した。

１９２１年12月、ワシントン海軍軍縮会議が始まった。

ホワイトハウスから3、4分歩いた所にコンチネンタル・メモリアルホールがある。現在は図書館に使われているこのホールで、英米日仏伊の五大国とオランダ、ベルギー、ポルトガル、支那の合計9ヵ国による海軍軍縮会議が開かれた。会議の主目的は、三大海軍国と言われた英米日の建艦競争を中止し、この三ヵ国の力のバランスをどう保つか、という点にあった。三ヵ国の建艦競争は、各国とも財政への重圧となっており、第一次大戦後の厭戦気分と併せて、何とかしなければと考えられていた。

日本では、第一次大戦終結直後の１９２０年（大正９年）、原敬内閣・加藤友三郎海相の時、「八八艦隊」の予算案が帝国議会を通過した。「八八艦隊」とは、艦年齢８年未満の戦艦と巡洋戦艦を各８隻持つとの計画であった。このため、１９２１年度には、海軍予算が国家予算の32・５％に達した。すでに１９１６年度を境に海軍予算は陸軍予算を上回るようになっており、国家予算に占める陸海軍予算は50％に及んでいる。

米国でも、第一次大戦に参戦する前年の１９１６年に「海軍法」が議会を通過し、戦艦10隻、巡洋戦艦６隻を含む１８６隻の大建艦計画が実施されようとしていた。

第一次大戦で辛うじて戦勝したものの、米国からの戦時大借金で財政的に苦しい英国も巡洋戦艦４隻の建造計画を予定している。

軍縮会議第二回目総会で、日本全権の加藤友三郎海相は「海軍軍備の大々的削減に着手する用意があると」と発言。加藤のこの発言の裏には次のような考えがあった（東京の海軍次官あて加藤書信たる「加藤伝言」より）。

「国防は軍人の専有物に非ず。戦争も亦軍人のみにして為し得べきものに在らず。国家総動員して之に当るに非ざれば目的を達し難し。（中略）平たく言へば金が無ければ戦争が出来ぬと云ふことなり。戦後、露西亜（ロシア。第一次大戦後ロシア革命の勃発）と独逸（敗戦）とが斯様に成りし結果、日本と戦争の起こる probability のあるは米国のみなり。仮に軍備は米国に拮抗するの力ありと仮定するも、日露戦争の時の如き少額の金では戦争は出来ず。然らば、その金は何処から之を得べしやと云ふに米国以外に日本の外債に応じ得る国は見当たらず。（中略）斯く論ずれば、結論として日米戦争は不可能といふことになる」

このような加藤友三郎の大きな視点からの主導で、不満な点もあったが、英米日の主力艦比率5：5：3で海軍軍縮を図るワシントン条約が締結され、英米日が名実ともに、三大海軍国（ビッグ・スリー）と見なされるようになった。それまで、「七つの海の女王」として世界の海に君臨して来た英国は、世界一の座を守ったが、米国と同等の海軍国となり、米国も初めて世界一の海軍国（米国人の言うSecond to None）となって並んだ。

日本の国力を考え、この比率で已む無しと考えた加藤友三郎海相に対し、対米比率7割を強く主張していた海軍側首席随員の加藤寛治中将はこの条約締結に満腔の不満を抱いて帰国した。

ちなみに、加藤寛治が主導して1922年（大正11年）暮に成案が策定された「帝国国防方針」は、次のように対米必戦論で彩られたものとなった。これは当時の日本海軍の考えを如実に示していて、その後の日米間の対立と日米戦への突入を考える資料として挙げておきたい。

「米国ハ輓近《ばんきん》、国力ノ充実ニ伴ヒ、無限ノ資源ヲ擁シテ経済的侵略ヲ遂行シ、特ニ支那ニ対スル其経営施設ハ悪辣《あくらつ》ナル排日宣伝ト共ニ帝国ガ国運ヲ賭シ、幾多ノ犠牲ヲ払ヒテ獲得シタル地位ヲ脅シ、遂ニハ帝国ノ隠忍自重ヲ許サザラントシ、又西伯利《シベリア》方面ニ対スル経済的発展ハ近年露国政府ノ政情ノ変態（筆者注・共産革命）ニ乗ジテ益々露骨トナリ、亦帝国ノ発展ト相容《かた》レズ。加之《しかのみならず》加州（カリフォルニア）ノ邦人排斥ハ漸次諸州ニ波及シテ愈々根底ヲ鞏カラシメ、布哇（ハワイ）ニ於ル邦人問題亦楽観ヲ許サザルモノアリ。是等経済問題ト人種的偏見ニ根ザセル多年ノ紛糾ハ其解決至難ニシテ、利害ノ背馳《はいち》、感情ノ疎隔《そかく》ハ将来益々大ナルモノアラン。太平洋及ビ極東ニ拠点ヲ有シ、巨大ナル兵備ヲ擁スル米国ノ対亜政策ニシテ此ノ如ンバ早晩帝国ト衝突ヲ惹起スベキハ蓋シ必至ノ勢ニシテ我国防上最重大視スベキモノナリトス」。

第一次大戦の終結は、このように太平洋を挟んだ二大海軍国日米間の対立を先鋭化させ、これが太平洋戦争まで続く。

米国内でも、大戦後、英国を遥かに超える経済力を持つに至ったことを背景にして、英海軍より優位に立つチャンスだと考えた多くの提督達はこの条約締結に猛反対した。同じアングロサクソン系の国とは言っても、米海軍内には英国嫌い（Anglophobe）も少なくなかったのだ。これらの提督達を海軍省の一室に集めて、「政府の意向に従え」と一喝して黙らせたのは、30代のセオドア・ルーズベルト・ジュニア海軍次官だった。

日本では、ワシントン条約を加藤友三郎海相の貫禄で締結に至ったが、後のロンドンでの補助艦（重巡洋艦や潜水艦）軍縮条約（当時の海相は財部彪）では、海軍内を二分する大問題となり、民政党（浜口雄幸）内閣を攻撃する政友会の政争も絡んで揉めに揉めた。加藤友三郎は日本海海戦時の東郷平八郎長官の参謀長であり、後に総理になる人物であったから、経歴・背景・力量とも申し分なく、発言に千鈞の重みがあったのだが、財部彪海相にはその貫禄と見識がなかった。財部はロンドンに夫人を同伴したのだが、「外交談判という戦場《いくさば》に、嬶《かかあ》を連れて行くとは何事だ」と東郷元帥が激怒したというエピソードもある。

ワシントン軍縮条約の結果、日本では戦艦「摂津」「安芸」等5隻、巡洋戦艦「伊吹」「鞍馬」等3隻、旧式戦艦「三笠」「富士」が廃棄処分となった。日本海海戦の旗艦「三笠」は日本側の要望により関係各国の了承を得て横須賀の海岸にコンクリートで固定され、永久保存されることとなった。

廃棄されたのは既存艦だけでなかった。建造中の艦や、進水を終えた艦、予算の承認を受けたもの等、戦艦・巡洋戦艦合わせて16隻が建造工事を中止したり取り止めたりした。海軍工廠や民間造船所への打撃は大きく、工員の人員削減は1万4000人に上った。政府は合計2000万円の補償金を支払うことにした。最大の補償金が支払われたのは日本製鋼（大砲製作）で、二番目は三菱造船、三番は川崎造船であった。

ワシントン条約前には11隻あった戦艦が6隻に、巡洋戦艦が7隻から4隻に減った。准士官以上1700人、下士官兵5800人が整理された。上級将官の整理も多数に上り、中将級は9割までが現役を退いた。江田島の海軍兵学校の生徒採用数は前年度の5分の1に満たない僅か51名に減少した。

海軍予算は大正10年度には5億円弱で国家予算全体の32・5％だったが、翌大正11年度には3億9000万円、大正12年度は2億7000万円となり、昭和6年度には2億2000万円と15・4％にまで減少した。

このような軍縮は米国も同じで、主力艦、海軍工廠、海軍人員の大幅削減は当時の海軍長官や海軍作戦部長に大きな問題としてのしかかっていった。

航空局と合衆国艦隊の創設

当時、陸軍航空隊のビリー・ミッチェル准将による、陸海軍航空戦力を一元化した空軍の独立案が議会で問題となっていた。１９２０年夏の上院で、「陸上基地の航空兵力は陸軍航空隊のコントロール下に置く案」が出された。この案件を審議するメンバー４人の委員会が発足し、クーンツも１９２１年３月に委員に任命される。この案件と同時に海軍省に航空局を創設する案も出た。クーンツは四人委員会とは別に、自分と二人の将官による検討会を作って、海軍省に航空局を置く案を提言して、海軍長官はこれを認めた。

１９２１年４月、クーンツは下院海軍委員会で「海軍省の中に航空局（Bureau of Aeronautics）を創設することを強く支持する。現状のままでは、私も含めて誰も海軍航空を運用できない」と証言した。議会は航空局の創設を認め、７月に航空局が発足した。クーンツは新局長にウィリアム・Ａ・モフェットを強く推挙した。

大艦巨砲主義が主流の時代、反対論者も多かったが、クーンツは航空母艦建造計画を推進した。これが議会に認められ、石炭運輸艦ジュピターを改造した米海軍初の空母ラングレーが１９２２年３月竣工。ラングレーは実験艦として様々な実験を繰り返し、後の制式空母誕生の礎的役割を果した。また巡洋戦艦として建造中だったレキシントン、サラトガの空母化にも尽力した。

クーンツの任期中の１９２２年12月、３年間にわたって検討してきた合衆国艦隊を創設したことも挙げておかねばなるまい。合衆国艦隊はベンソン海軍作戦部長時代の１９１９年１月に誕生していたが、これは大西洋艦隊の名称を合衆国艦隊に変えただけだった。ダニエルズ長官は６ヵ月でこれを元の大西洋艦隊と太平洋艦隊に戻した。クーンツはこれを改め、戦闘艦隊（Battle Fleet）、策敵艦隊（Scouting Fleet）、抑制艦隊（Control Fleet）、基地艦隊（Fleet Base Fleet）に編成替えした。合同演習の際にはこれを合衆国艦隊として、戦闘艦隊の司令官が合衆国艦隊長官になるとした。戦闘艦隊は仮想敵国日本を念頭に新鋭主力艦（戦艦と空母）を太平洋に配置し、策敵艦隊は旧式戦艦と小型空母を中心に大西洋に置かれた。これは仮想敵がドイツから日本になったことを戦力配置ではっきりと示すものであった。この名称は１９３０年代まで続く。

海軍大学校問題も第一次大戦後の問題であった。校長シムズ少将は海軍大学のスタッフ不足に不満で、公の場でもスタッフ充実を訴えていた。しかし第一次大戦後、全ての予備士官、一時的任用の士官が海軍を離れたので、海軍全体の士官不足は大きな問題となっており、海大に士官を廻すのはどうしても後になった。

そのような中でクーンツは、海大スタッフの増加、学生の増加、研修期間の長期化を進めた。

合衆国艦隊長官として大演習を行う

ダニエルズの後任のエドウィン・デンバー海軍長官は１９２３年７月、クーンツの後任にエドワード・Ｗ・エーベルを指名した。７月21日、離任したクーンツは新設された合衆国艦隊長官に就任した。

１９２５年７月から９月にかけ、クーンツ長官は米海軍史上最大の演習をハワイ、豪州、ニュージーランド沖で行った。第一次大戦後の厭戦気分が横溢している中で、莫大な費用を要するこのような大演習を行ったのは、戦後、対日戦が濃厚になったことによる。従来の仮想敵国であった大西洋のドイツが破れ、太平洋方面での日本が仮想敵国になった事実を議会も理解して演習予算を認めたのだ。

カリフォルニアでの日本人移民排斥問題は、日本人を憤激させたが、米国は有色人種の移民には強い拒否反応を示している。同じように、ホワイト・オンリー・ポリシーを掲げて有色人移民を固く拒んでいる豪州やニュージーランドにも、人口過多に悩む日本の反発が強まっていて、この両国は日本の西太平洋進出への恐怖を抱いていた。

また、米国領フィリピン、グアムとハワイの間にあるマーシャル、カロリン、マリアナ諸島が第一次大戦後に日本領（正式には委任統治領）になったことも米海軍にとっては重大事だった。支那大陸や満洲への米国の野望が強いことを日本はよく承知している。インドが英国の「宝石箱」と言われ、英国の莫大な富の源泉であったことを知る米国は、人口４億の支那大陸を米国の「宝石箱」にしたいという願望があり、これが米国の太平洋西進の究極の目的であった。支那大陸には欧州列強や日本が地盤を築いていたが、第一次大戦で英国やフランスは弱体化し、ドイツは滅んだ。支那大陸を巡る日米の角逐は強まることこそあれ、弱まる兆しはなかった。

クーンツによる合衆国艦隊大演習は、当時の米海軍を知る上で不可欠の演習なので、ここで詳しく述べておきたい。

米国は大西洋と太平洋の両洋に面していて、海軍力を二分せざるを得ない地理的不利があった。いざという場合、二分された戦力で敵に対する不利はどうしようもない。この問題解決のため、セオドア・ルーズベルト大統領時代に、パナマ地帯をコロンビア政府から強引に奪って、米国の特権地域に編入し運河開削を行った。開通したのは第一次大戦勃発直後の１９１４年8月15日。運河の狭い閘門部分は大型戦艦にはギリギリで、通過には相当の技量を要する。両洋の艦隊がこの運河を通過して統合するためには演習を繰り返して習熟することが必要だった。

パナマ運河を通過して太平洋に出た艦隊はサンフランシスコに寄港し、艦隊への燃料補給能力のチェックがなされた。当時、艦隊の燃料は石炭から石油に移行中で、カリフォルニアの油田地帯からパイプでサンフランシスコの海軍基地まで送られるようになったばかりだ。艦隊に必要な給油が円滑に実行できるかどうかの検証は演習での重大事項だった。

サンフランシスコから太平洋西進の根拠地ハワイに向かう。ハワイ王国に海兵隊を上陸させ米国の植民地としたのは１８９８年、27年前のことだ。ハワイには多くの日系人が住んでいるから、米国がハワイを領有した時、日本政府は激しく抗議した。しかし、北からのロシアの侵攻に備えねばならなかった当時の日本としては、東の太平洋で米国と干戈を交えることは出来ず、涙を呑んだのだ。

サンフランシスコからハワイまでは２０００マイルの距離がある。演習はハワイ諸島が敵（日本）に攻撃されたという想定のもとに、オアフ島防衛計画や艦隊補給能力の検証が行われた。演習は、11隻の戦艦、６隻の巡洋艦、56隻の駆逐艦、14隻の給油艦を含む１００隻以上の艦船で行われた。この演習には、給炭艦ジュピターを改造した空母ラングレー（１万１５００トン）が初めて参加した。

ハワイで演習を終えた合衆国艦隊は、その後、豪州、ニュージーランドへと演習航海を実施。ハワイから豪州までの距離は５０００マイル。これは米西戦争でスペインから奪ったフィリピンへの距離に匹敵する。米国の対日戦争計画「オレンジ計画」では、開戦となると日本は直ちにフィリピンを占領すると予想している。フィリピンのような大きな島で強力な日本陸軍と戦うことはなるべく避け、日本の海上生命線を海軍力で優る米国艦隊の力で切断して降伏を強いる、というのが「オレンジ計画」の基本思想である。日本海軍が決戦を挑んでくれば、それは望むところである。いずれにせよ、太平洋を西進してフィリピン付近や日本領小笠原諸島付近まで艦隊を進める必要がある。このためには、大艦隊に必要な燃料や食料、水の補給が大きな問題になる。前もって、演習でこれら事項の検証をしておくことが不可欠だった。

豪州への航海演習には１４５隻の艦船と２万４５００人の人員が参加した。補給には14隻の石炭輸送船、13隻の給油艦、４隻の病院船、２隻の食糧輸送船が随伴し、途中で何度も補給テストを実施した。食糧輸送船の一つ「アークティック」は３５００トンの食糧を運ぶことが出来、生鮮品を保存する巨大な冷蔵庫を備えていた。洋上での給油は、21世紀初めの現在でも重要で、相応の技量を要する。

艦隊は太平洋の海底調査や通信網のテスト、偵察用の飛行艇の訓練等を繰り返しながら、1925年7月23日のホノルル出航以来、23日ぶりに豪州のメルボルンに到着した。艦隊は更にニュージーランドのウェリントンを訪問し、8月25日には米国に向けて帰国の途に就いた。

豪州、ニュージーランドは西太平洋での有色人国日本の勢力拡大に恐怖を抱いている。人口過多に悩む日本は、ハワイやカリフォルニアに移民を送っていたが、豪州は「白豪主義(White Only Policy)」をとって、有色の日本人移民を拒んでいたから、日本政府の不満は大きかった。白人国の豪州、ニュージーランドにとって、同じ白色人種の米国巨大艦隊が訪問することは大きな安心となる、これも合衆国艦隊の目的の一つだった。

豪州への航海の意義をクーンツは次のように考えた。
①この航海によって、合衆国艦隊の補給能力を調べることが出来、いざという時に艦隊が即座に行動出来るよう諸情報を入手した。
②米艦隊が広大な地域に自力で自由に活動出来ることを全世界に示した。
9月26日、艦隊は西海岸のサンディエゴ基地に帰港した。

日本海軍はこの合衆国艦隊の大演習の目的を「米国艦隊の東洋進出法」と分析して、対米戦となった際に備える必要ありとした(「華府会議後ニ於ケル米国の戦備」)。

２　日本人移民問題と第三代海軍作戦部長エーベル

先鋭化する日米間の対立

海軍作戦部長エドワード・Ｗ・エーベルが最も意を注いだのは、当然ながら、差し迫った対日戦争関連事項で、日米戦争になった場合のフィリピン、グアム防衛作戦だった。エーベルは第一次大戦勃発１年前に「戦争関連、戦争準備に関する政策」という論文を『海軍大学校論考』誌に寄稿し、米国は太平洋で優越的力の保持が必要だ、と力説していた。

ワシントン会議で主力艦の英米日比率は５：５：３になったものの、英米は西太平洋での基地の要塞化を禁じられた。ハワイとフィリピンの間に横たわる、マーシャル、カロリン、マリアナの各諸島は第一次大戦後、日本領（正確には国際連盟からの委任統治領）となっている。後に、日本海軍の井上成美は、「今後、戦艦同士の決戦は起こらない。日本委任統治領の島々は日本に与えられた天与の宝だ。ここに航空基地を作り防衛を強化すれば、西進して来る米艦隊を航空機兵力によって迎え撃つことが出来る。日米戦はこれら諸島の争奪戦になろう」と断言した。米国はこれらの諸島に日本軍が軍事基地を造るのではないかと疑心暗鬼になり、日本も米国人がこれらの諸島を訪れることを許さなかった。米海兵隊のピート・エリス少佐が商社員に化けて潜入し、急死した事件では日本軍に謀殺されたとの噂が流れたことがあった。

日本は主力艦以外の補助艦に関して、１万トン、８インチ主砲の重巡６隻の建造計画を持ち、

エーベル

第一次大戦によって財政破綻状態にある英国すら5隻の重巡建造計画を考えていた。米議会は、国内の厭戦気分から海軍予算増額には極めて消極的だったが、日英の補助艦増強計画を考慮して、1924年12月、1万トン、8インチ主砲の重巡8隻の建造を認めた。

第一次大戦後、太平洋を挟んだ日米の対立は先鋭化していた。原因は、○支那大陸、満洲への米国の野心と日本の利害との対立、○カリフォルニア州から全米へと広がった日本人移民排斥運動の激化だった。前述したことだが、支那大陸への米国の野望の強さは、1931年から32年にかけて犬養毅内閣の実力書記官長だった森格が強く感じていた。かつて三井物産社員として支那大陸で長く活動していた経歴がある森は、その経験から、支那大陸や満洲への米国の野望は強烈で、米国の勢力を駆逐しなければ日本の指導権を確立出来ないという信念を持ち、これを防ぐには日本海軍の増大しかないと考えていた。後の1940年11月、海軍政策を担当する海軍省軍務第二課長に就任する石川信吾大佐も、若い頃から森と同じ考えだった。

日本人移民排斥問題が日米対立に深刻な影響を

エーベル海軍作戦部長当時の日米間緊張の原因であった日本人移民排斥運動は、後の太平洋戦争の重大な遠因ともなったものであるので詳述しておきたい。この時代の日米間の状況に関して、日本人移民排斥運動を語らないわけにはいかない。

日本人移民の多くは、日清戦争の前後、つまり、最初に住んだ者がその土地を習得出来るフロンティアが消滅した時期（１８９０年、明治23年）に移民し始めていた。

米国は建国以来、ワスプ（ＷＡＳＰ）と俗称されるアングロサクソン系プロテスタントが社会の指導層を形成していた。19世紀中頃、英国植民地アイルランドでは主食のジャガイモの大凶作で人口が半分になった。人口の４分の１が餓死し、４分の１が新大陸のアメリカに渡ったのだ。彼らは読み書きも出来ず無一文の者がほとんどだった。東海岸には既にワスプが定住していて彼らが入り込む隙はなく、激しい軽蔑と迫害を受け続ける。彼らはそのため、新天地を求めて西へ西へと移住した。

閑話休題　◎ハリウッド映画とアイルランド移民

ある年代の人々にとってジョージ・スティーブンス監督、アラン・ラッド主演の西部劇「シェーン」は忘れがたい映画であろう。ある日、突然やって来たシェーンと名乗る旅烏《たびがらす》のガンマンが住民を苦しめる悪者をやっつけて飄然《ひょうぜん》と去って行くという筋で、日本映画の股旅物《またたびもの》と相通ずるものがある。主人公のシェーンはアイルランド系の名前で、彼は遅れてやって来たアイルランド移民だったから、迫害を受けてなかなか良い仕事に就けない。だから彼は、流れ者の牧童とかガンマンをやっていたのだ（「日本経済新聞」２０１８年9月26日（夕）「あすへの話題」）。

昔からアングロサクソン系が住む東海岸で迫害と蔑視を受け続けたアイルランド移民が夢に見た西海岸のカリフォルニアに苦心の末にたどり着くと、未開の土地は勤勉な日本人移民によって豊かな農地に変えられていた。劣等民族と考える有色人日本人が自分達よりいい生活をするのを彼等は許せなかった。その多くがアイルランド系だった中西部の貧しい白人達が如何に土地を渇望していたかは、ジョン・フォード監督、ヘンリー・フォンダ主演の名画「怒りの葡萄」によく現れている。苦心惨憺してようやくカリフォルニアに着くと、そこには彼等が入手し得る土地はなかった、とのあらすじだが、映画では日本人移民が一人も出て来ないのが腑に落ちない。カリフォルニアで日本人移民を最も激しく迫害したのは、日頃からワスプに蔑視・迫害されていたアイルランド系だったと言われる。アイルランド系カトリックが初めて大統領になるのは、第二次大戦後のケネディまで待たなくてはならなかった。

日露戦争後、カリフォルニアでの日本人移民問題が日米間に鋭い対立問題として惹起していた。カリフォルニア州では、当時7万人の日本人移民が住んでおり、その大多数は農業に従事し、農地に適した荒地の多くは彼等によって開拓されたのである。

勤勉で荒地を豊かな農地に変えていった日本人移民に対し、黒人、原住民、支那人と同じ有色の日本人が自分達より豊かな生活をするのに我慢できない貧しい白人達は激烈な日本人移民排斥運動を起こし、彼等の票を狙う地方政治家は激烈な排日演説を繰り返した。「No More

Japs Wanted Here.」「Japs, Keep Moving, This is a Whiteman's Neighborhood」といった大きな看板が立てられるようになった。

以下、理解を深めるため、時系列的に日本人移民排斥問題の流れを記す。

１８８２年、支那人の帰化を認めない連邦法成立。

１９０６年、サンフランシスコ市教育委員会、日本人学童を公立学校から排除。この時には、従来からの日系人迫害に怒りを感じていた日本人の感情が爆発した。その一例として毎日新聞（１９０６年10月22日）は、「日本は立て。我が国民が太平洋の対岸で侮辱を受けた」と書いている。

１９０７年、サンフランシスコで反日暴動。

１９０８年、日米紳士協定（日本からの移民自粛。その代り、排日移民法を作らない）

１９１３年、カリフォルニア州で「排日土地法」（日本人移民の土地所有禁止）成立。

１９２０年、カリフォルニア州で第二次「排日土地法」（日本人移民のアメリカで生れた子供も土地所有禁止）成立。

１９２２年、米連邦最高裁判決。アメリカに帰化出来るのは、白人、アメリカ土着民（インディアン）、アフリカ人（黒人）だけで、黄色人種は帰化出来ない、既に帰化し、アメリカ市民として過ごしている日系人の権利も剥奪出来る、との判決だった。

１９２４年5月、「帰化不能外国人移民法」が議会を通過し、クーリッジ大統領が署名して成立。それまでの排日法がカリフォルニア州、オレゴン州、ワシントン州などの州法であったのと異なり連邦法であって、いわゆる「絶対的排日移民法」であった。これを聞いた財界長老渋沢栄一は、「アメリカは正義の国、人道を重んじる国であると今まで信じていた。カリフォルニアへの排日運動が起こった時にも、それは誤解に基づくものと思ったから自分なりに日米親善に尽力した。ところがアメリカ人は『絶対的排日移民法』を作った。今まで日米親善に尽力して来たのは何だったのか。『神も仏もない』という気分になった」と洩らした。それは、日本にとって、武器を使わない一つの軍事的挑戦とも言えるものであり、深い永続的怨恨を日本人の間に残すことになった。

この法律が議会に提出された時、埴原駐米大使は「もし、この法律が通過するが如きことがあったら、日米間に grave consequence をもたらすだろう」と警告したほどだった。しかしながら5月中旬に法案は議会を通過し、その月末に大統領の署名を経て7月から実施された。

閑話休題　◎日本人移民排斥問題

1918年12月、サンフランシスコ総領事館に赴任した外交官石射猪太郎は面白くない経験をした。貸家はいくらでもあったが、新聞の貸家広告を見てそこに行くと「ジャップには貸さない」とにべもなく断られ、ドアをパタンと閉める。なんとか貸家を見つけて住むようになったが、朝、起きてすぐに現地の新聞を読むのが日課で、デカデカと出ている排日記事に憤慨するのが目覚ましになった（石射猪太郎『外交官の一生』中公文庫）。

敗戦後、昭和21年３月から４月にかけて、松平慶民宮内大臣、松平康昌宗秩寮総裁、木下道雄侍従次長、稲田周一内記部長、寺崎英成御用掛の５人の側近が、張作霖爆死事件から終戦までの経緯を４日間５回に亘って昭和天皇から直々に聞いた。これを寺崎英成御用掛は「昭和天皇独白録―寺崎英成御用掛日記―」（文藝春秋、１９９１年）として記録した。昭和天皇は大東亜戦争の原因をカリフォルニアでの日本人移民排斥運動が遠縁となったと次のように語った。

「（大東亜戦争の）この原因を尋ねれば、遠く第一次大戦後の平和条約に内在してゐる。日本の主張した人種平等案は列国の容認する処とならず、黄白の差別感は依然残存し、カリフォルニア州移民拒否の如きは日本国民を憤慨させるに充分なものである。かかる国民的憤慨を背景として一度軍が立ち上った場合に之を抑へることは容易でない」

昭和天皇の仰った平和条約を説明すると次のようになる。第一次大戦が終わると、１９１９年、平和会議が招集されて連合国の28ヵ国がパリに集まった。日本の全権は西園寺公望。この時、米豪など人種差別的移民政策に苦しんでいた日本は有色人種の立場から２月13日、人種差別撤廃案を提出した。しかし、黒人問題や日本人移民問題を抱える米国の強い反対で日本案は４月11日に正式に否定され、この報に一致して日本の世論は反発した。

「航空兵力は決戦兵器ではない」

１９２３年９月、陸軍航空隊による旧式戦艦バージニア、ニュージャージーへの航空攻撃実験が行われ、海の王者戦艦が空からの爆撃で沈められた。陸軍航空隊のビリー・ミッチェル准将による航空重視主張が強まり、大艦巨砲思想への攻撃が激しくなった。このような状況を当時米国駐在中に見た山本五十六は海軍航空兵力充実の必要性に目覚めたと言われる。ウィルバー海軍長官は「海軍航空問題検討会」の委員長に作戦部長のエーベルを指名。エーベルは砲術畑で育ったこともあって、①海戦での主力戦力は今後とも戦艦、②砲、空からの爆撃、魚雷、機雷のうち最も重要なのは砲との報告書を提出した。

旧式戦艦バージニア、ニュージャージー、ドイツからの捕獲戦艦オストフリースラントが空からの爆撃で沈んだことに関して、委員会は、①これら戦艦への空爆は航海中ではなくて停泊中への攻撃であった（日本武士の言葉で言えば「据え物切り」である）、②対空砲の反撃もなく、ダメージ・コントロール・グループも乗っていなかった、③第一次大戦のユトランド海戦以降に建造された戦艦の艦体は空からの攻撃に対して強靭である、とした報告書を提出。

エーベルは、次のように考えた。将来の戦艦は戦訓や実験の結果から然るべく設計されるから、空からの攻撃に甚大なダメージを受けることはないだろう、空からの攻撃によって戦艦が陳腐化することは無かろう、航空戦力に関して飛行船は探索・着弾観測には有益だと。

もちろん、エーベルは航空母艦を不必要と考えたのではない。太平洋を西進する場合、日本軍はマーシャル、カロリン、マリアナの航空基地からの作戦行動が可能だが、米軍は作戦初期には航空母艦からの作戦が不可欠である。航空機によってこれら日本委任信託領の島々を攻略し、これら諸島に米軍の航空基地を造る。海上での航空戦の最初の目的の一つは敵空母への攻撃だと、エーベル委員会は報告した。

エーベルは航空戦力を軽視したわけではなかったが、ビリー・ミッチェルやシムズ海大校長とか米海軍省初代航空局長モフェット少将のような先見力は持っていなかった。もっとも、航空関係を軽視したわけではなく、１９２４年後半にウィルバー海軍長官に大型空母レキシントン、サラトガの完成を急ぐように要望するとともに、アナポリス兵学校に航空戦術コースを導入し、卒業生に航空畑に行くよう勧誘した。

１９２５年9月の大統領への航空諮問委員会（モロー委員会）で、陸海軍作戦の調整は困難であり、海軍計画によって砲術や技術を海軍がコントロールし、同じような訓練を海軍航空が受けられなければ、戦場での最善の結果は生まれない、として海軍航空隊と陸軍航空隊を合体した空軍創設を否定し、海軍航空隊維持の必要性を説いた。

エーベルにとって、かつて力説されたことのあるラム（触角：戦艦の艦首水面下に突起物を付けて、敵艦の横腹にぶつける）、モニター艦（巨砲を積むのだが航海は出来ない、専ら港湾防御用の艦）、水雷艦、潜水艦、機雷と同じように、航空兵力は決戦兵器ではなかった。戦艦は、装甲、水中舷側の強化・砲術の進歩、速力・航続距離の増大、対空兵器増設によって海の王者であり続けるだろうと考えた。航空機は大きな可能性を秘めているが制約もある。当時、戦闘機や爆撃機は戦力を持つようになっていたが、雷撃機はまだ初歩的段階で急降下爆撃機は出現していなかった。

海軍予備士官隊（ＮＲＯＴＣ）創設とジュネーブ海軍軍縮会議

議会が認める予算では艦隊燃料は充分でなかった。特に、太平洋艦隊が他の地域に航海するのに不足していた。第一次大戦後の議会の軍縮指向による海軍基地や海軍工廠縮小問題もあった。エーベルは、五大湖の訓練施設やボストン、チャールストンの工廠の閉鎖についてウィルバー海軍長官に善処を求めたが、長官は議会との関係を考え、聞き入れなかった。大学に予備士官訓練コースを設置し、その課程修了者に予備士官の資格を与え、有事には士官として軍務に当たらせるという考えが第一次大戦後に生まれた。大量の士官を平時にも抱えておくことは人件費の面からも許されないので予備士官隊を準備して有事の士官不足を補おうとする考えである。１９２５年、議会が海軍予備士官隊（ＮＲＯＴＣ）創設を認めた。

１９２７年６月、ジュネーブで海軍軍縮会議が開催された。この会議の主要論点は、英米日の巡洋艦トン数比率だった。

ワシントン条約により、パナマ運河地帯、真珠湾、シンガポールの従来の要塞は認められたが、これら地帯の非要塞化を強めるのなら、日本側は補助艦（主として巡洋艦）制限を認めるだろう、との憶測もあった。この憶測をケロッグ国務長官は論外だとし、英国もシンガポールの非要塞化に反対していた。エーベルも、ハワイ基地はフィリピン、グアム防衛と、西太平洋の利益防衛のために必要不可欠だと考えた。結局、ジュネーブ会議は何の結論も出せないまま終わる。

１９２７年11月14日、海軍作戦部長のポストを退き、海軍将官会議のメンバー入りし、それから１年後に海軍を退役した。47年間の海軍生活だった。後任の作戦部長にはチャールス・F・ヒューズが就いた。

３　ロンドン軍縮会議と四代目作戦部長ヒューズ

ショーフィールド少将の状況分析

１９２９年は10月24日にニューヨーク株式市場が大暴落し、大恐慌が始まった年でもあった。この大恐慌は日本にも大きな影響をもたらし、各地で深刻な小作争議や労働争議が起こった。

１９３０年（昭和５年）１月21日から４月22日までロンドンで海軍軍縮会議が開かれた。この会議で締結されたロンドン海軍軍縮条約は、１９２１年末調印のワシントン海軍軍縮条約と並んで、海軍のビッグスリーと称された英米日に大きな波紋をもたらした条約である。ヒューズは海軍作戦部長として、この会議での米国案作成に参画した。

１９２７年11月、チャールス・F・ヒューズはエーベルの後を継いで海軍作戦部長に就任した。ジュネーブ軍縮会議が失敗に終わった３ヵ月後である。この年５月にはリンドバーグが大西洋横断飛行に成功している。

ヒューズ

ヒューズは、長身、白髪、碧眼で、その大きな口髭から海のライオンとも呼ばれるセイウチを彷彿させ、「老セイウチ」と愛称された。海戦を指揮した人でもなく、無口、生真面目で穏健な保守派だった。第一次大戦時は英国への派遣艦隊司令官として、また海軍大学校校長として戦略や航空兵力に関し、歯に衣着せぬ発言を繰り返した同時代のシムズ中将とは対照的な人物であったためか、米海軍史の中では目立たない提督であったが、ロンドン軍縮会議時の海軍作戦部長だった人と言えば、時代背景が少しは分かろう。

当時の海軍省内で独立王国の様相を呈していたのは、モフェット少将率いる航空局だった。モフェットは社会の動向に機敏に対応し、議会対策にも巧みだった。資産家で海軍をクビになっても困らないから大胆な行動を取る。搭乗員関係の採用や教育訓練、配置は従来の水上艦勤務者と同じような航海局職掌では問題が多いとして、航空局職掌とすべし、と議会にも働きかけていた。

作戦部長就任直後のヒューズにとって、○国際的海軍軍縮問題、○１９２７年、ニカラグアでサンジーノ将軍が反米武力闘争を起こした事件に絡む、米国によるニカラグア内乱干渉問題、○支那大陸での米人保護の外交問題、が喫緊の課題だった。

陸海軍長官の補佐機関だった陸海軍統合会議でヒューズは海軍側代表であり、この任務遂行では海軍長官を補佐する将官会議にも頼らねばならなかった。

芙蓉書房出版の新刊・売行良好書　1905

ぶらりあるき**釜山・慶州の博物館**

中村 浩・池田榮史・木下亘著

本体 2,200円【5月新刊】

韓国第二の都市「釜山」と古都「慶州」から蔚山、大邱、伽耶（金海・昌原・晋州）まで足を伸ばし、合計77館を紹介。本格的な博物館からガイドブックにも載っていないユニークな博物館まで韓国南部の見どころがいっぱい。

米海軍戦略家の系譜

世界一の海軍はどのようにして生まれたのか

谷光太郎著　本体 2,200円【5月新刊】

マハンからキングまで第一次大戦～第二次大戦終結期の歴代の海軍長官、海軍次官、作戦部長の思想と行動から、米国海軍が世界一となった要因を明らかにする。

カウチポテト・ブリテン

英国のテレビ番組からわかる、いろいろなこと

宗 祥子著　本体 1,800円【4月新刊】

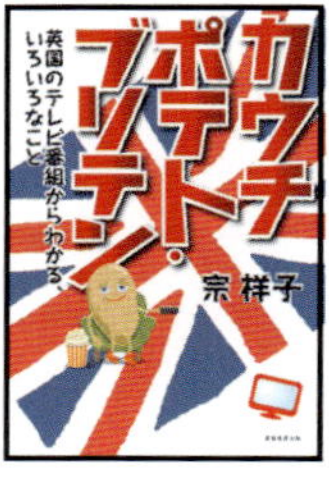

暮らしてわかった！　テレビ番組というプリズムを通して見えた日本と英国。おもしろいドラマ、ドキュメンタリー41本と今の英国がわかる。そんな一石二鳥の本です。この本を読んだら、ネット配信をチェックしたくなります。

海軍作戦部の戦争計画部（War Division）は、毎年、世界の海軍状況判断を行い、これに基づいて海軍方針や予算案が組まれた。ヒューズ海軍作戦部長時代の戦争計画部長はフランク・H・ショーフィールド少将である。彼は、まず１９２７年のジュネーブ海軍軍縮会議の英米対立に関して次のように状況分析した。

○ワシントン条約（１９２２年）以降、英国の海軍力優勢に対して、米国が対処策の準備がないことを英国は知っており、また米国は、英国が海の優勢を譲る気がないのを知った。主力艦以外に関しても、英米同量としたい米国の考えに英国が同意する気はなく、両国間での合意は困難である。よって、米国は万一の場合に備えて、大西洋での英国、太平洋での日本の、両洋潜在敵国に備えねばならぬ。

○日本が単独で米国を攻撃することはあるまいが、最もあり得るのは、日本が欧州列強の一国（英国とかドイツ）と同盟を結んで米と戦うことだ。日本は１９０２年に日英同盟を結んでロシアと戦った。

第一次大戦終結（１９１８年11月）直後から米国の外交努力は「日英同盟」を潰すことに注がれた。第一次大戦を米国の参戦と、米国から武器や資金を借りることによって何とか勝つことが出来た英国は、米国からの度重なる「日英同盟」破棄の要請を拒むことが出来ず、遂にワシントン条約が締結されると（１９２１年12月）同時に日英同盟は破棄された。

○米国が英領カナダを攻撃すれば、英国は対米戦を余儀なくされる。よって、米国は太平洋では戦略的攻撃案を、大西洋では戦略的防衛策が必要である。

○このため、世界情勢を見極め、適時適切に合衆国艦隊をハワイ（太平洋）ないしナラガンセット湾（大西洋）に集中すべきである。

対日戦計画（オレンジ計画）の最新版をつくる

ヒューズはショーフィールド少将の考えに同意し、両洋に配置されている合衆国艦隊をパナマ運河経由で適時迅速に集中する訓練の必要性を考え、同時に、対日戦（オレンジ計画）と対英戦（レッド・プラン）の最新版を作るよう命じた。

ヒューズは陸海軍統合会議の海軍側メンバーだったが、父がウェールズからの移民だったこともあって、どうしても大西洋方面に目が向いた。ワシントン条約によって、主力艦（戦艦と空母）に関しては米英同量のトン数となり、米国は世界一（Second to None）の海軍国になったが、「英国による世界秩序（Rule Britannia）」「英国が世界の海を支配する（Britannia ruled the Waves）」といった、英海軍全盛時代の残像は残っていた。

ここで、対日戦計画として知られるオレンジ計画について略述する。

泥縄式作戦だった米西戦争（１８９８年）の反省から、米国は各国との戦争を前もって考え計画しておく「カラー・プラン」の策定に着手した。「カラー・プラン」は各国を色別に暗号化していた。ブラックはドイツ、ゴールドはフランス、パープル（紫）はロシア、グリーンはメキシコ、オレンジは日本、レッドは英国である。英連邦各国（カナダ等）は赤色系のクリムソン、スカーレット、ルビー等であった。国内反乱対処計画はホワイトとされた。

オレンジ・プラン（対日作戦計画）は、日露戦争勃発年の１９０４年に策定された。しかし、第一次大戦終結により、①米国の主仮想敵であったドイツ海軍の消滅、②英国の衰え、③西太平洋での日本海軍の比重が一気に増大、と世界情勢が一変したため、オレンジ計画は再び真剣な検討が加えられることになった。

ワシントン海軍軍縮条約締結に辣腕を振った海軍次官セオドア・ルーズベルト・ジュニアの指示により１９２４年に作成された「陸海軍統合作戦計画――オレンジ――」は、第一次大戦後の米国の本格的な戦争計画であり、次のような内容を含んでいた。

①太平洋を舞台に起こる戦争は対日戦争である。

②この戦争での陸海軍の第一の主要関心事は、日本に優る国力で西太平洋にいち早く米国の制海権を確立させることだ。

③制海権の確立には、米艦隊を収容出来る前進基地を西太平洋に設置出来るかどうか、にかかっている。

④マニラ湾は西太平洋の要であり、前進基地として最適である。

このような前提の下で、オレンジ計画の基本概念を簡潔に要約すると次のようになる。

「日本の重要な海上補給路の米国による支配、ならびに日本海軍と経済生活に対する海と空からの攻撃を通じて日本を孤立させ、消耗させるための海軍を中心とする攻撃的な戦争計画」。

オレンジ計画の米海軍戦略は、マリアナないし小笠原沖で日本艦隊と決戦し、優位のうちに、奄美、沖縄、先島諸島（石垣島など）、そして台湾海峡の澎湖島群島のいずれかを占領して、米海軍の基地とし、日本の通商路を完全に締め上げることだった。

１９０４年以来、30年以上にわたって練りに練られたオレンジ計画に一貫して流れる基本思想は要約すれば、次のようになる。
①日本軍によるフィリピンやグアム島の占領、米軍の反撃による日本艦隊の撃破、海上封鎖による日本への降伏の強要、という三段階の戦争推移予測。
②巨大な日本陸軍と決戦することなく、日本に降伏を強いる戦略。
③米本土から遠く離れた西太平洋を主戦場と考え、このための後方補給（ロジスティクス）作戦の重視。
以上のように、オレンジ計画は、日本の生存に不可欠の海上交通線を遮断して日本に無条件降伏を強いる無限戦争の思想に基づいていた。

一方、日本が考えていた対米戦争は有限戦争だった。目標はあくまでアジア地域での日本の勢力拡大で、米本土の占領など考えていない。太平洋戦争勃発時の軍令部作戦課長で、終戦時には作戦部長だった富岡定俊少将は次のように反省している。

「一番痛感しているのは、太平洋戦争を顧みて日本軍には『作戦研究』はあったが、『戦争研究』がなかったことだ。開戦前から私はこの戦争を有限戦争と見ていた。これは私の非常な誤りであった。昔の戦争は第一次大戦も含めて、みな有限戦争だったといっていい。私はこの太平洋戦争のような近代戦も有限戦争と考えていた。この戦争は敵に大損害を与えて勢力の均衡を勝ちとり、そこで妥協点を見出し、日本が再び立ち得る余力を残したところで講和する、というのが私達の初めからの考えであった」

ワシントン条約（主力艦制限）、ロンドン条約（補助艦制限）は１９３６年末に失効し、１９３７年からは各国の建艦の制限はなくなった。ネイバル・ホリデーは終ったのだ。

１９２４年作成のオレンジ計画は、フィリピンが日本軍に占領される前に攻撃的戦略を取るとしていたが、ヒューズが統合陸海軍会議の議長を務めるようになり、陸海軍共同作戦をまとめるに際しては、陸軍側は、マニラ湾入口のコレヒドール島を強固な要塞で固めることを望み、海軍側は米艦隊がマニラ湾を利用出来るよう湾全体の防衛を望んだ。

陸軍はルソン島内で強力な日本陸軍と戦うのは避けたい思いが強く、強固な要塞に立てこもり日本陸軍に出血を強いる作戦を考えていたが、海軍は小笠原沖か沖縄沖で日本海軍と主力艦同士で雌雄を決する戦略であったから、後方基地としてマニラ湾の確保はどうしても必要だったのだ。

巡洋艦建造問題

第一次大戦後の国内世論は、海軍に敵対的ではなかったが無関心であった。このような社会の中で、建艦、保持・補修、平時における海軍運用等に関して議会の理解を得ることがヒューズの任務であった。

１９２２年のワシントン条約では、主力艦（戦艦と空母）のトン数制限が決められ、新たな建造は10年間なくなった。いわゆるネーバル・ホリデーだ。しかし、主力艦以外の補助艦、特に巡洋艦に関して日米英海軍列強（ビッグスリー）の競争は厳しくなっていた。

当時、米英に限ると、米国は18隻の巡洋艦建造を進めており、英国は世界各地に散らばる植民地防衛と、本国・植民地間の海上交通路保護のため60隻から70隻の巡洋艦を必要としていた。米国が望んだ巡洋艦はワシントン条約規定一杯の口径８インチ主砲、１万トンの重巡洋艦であり、英国はこの重巡洋艦を厳密に制限しようとした。英国自身は口径６インチの軽巡洋艦を多数建造しようとする。

広大な太平洋を西進して、小笠原諸島ないし沖縄諸島沖で日本海軍と雌雄を決するというのが米海軍の戦略だ。このためには、航続距離が長く、索敵に適し、水雷攻撃で米主力艦隊を攻撃してくる日本海軍の駆逐艦艦隊を撃破するに充分な主砲を持つ重巡洋艦が米海軍にとって不可欠であった。これに対して、英海軍は大西洋方面では強力な海軍国は米国以外になく、植民地経営に必要な多数の軽巡洋艦を必要としていた。

このような状況下で、ウィルバー海軍長官は巡洋艦の建造を遅滞なく完成させるべく海軍将官会議に５ヵ年計画作成を命じた。

提出された計画は、８インチ主砲重巡洋艦25隻を含めて新鋭巡洋艦43隻（合計トン数39万6000トン）を5年間で建造し、１９３６年までに米英の巡洋艦合計トン数を同量にするものだった。更に、海軍将官会議の計画では、ネーバル・ホリデーの終る１９３６年には複数の戦艦、軽空母5隻、駆逐艦37隻、潜水艦35隻、浮きドック１基を要求していた。

閑話休題　◎軍艦少年だった小松崎茂少年

終戦直後に小学校に入学した筆者くらいの年齢の者の多くは、少年雑誌『おもしろブック』や『少年画報』に掲載された小松崎茂画伯による戦艦大和等の軍艦画に熱中したものである。小松崎の少年時代はヒューズの海軍作戦部長期間と重なっている。

小松崎は海軍雑誌『海と空』『海軍グラフ』『科学画報』、少年雑誌『譚海』に載った軍艦の写真に夢中になる軍艦少年だった。『譚海』に掲載された米重巡ペンサコラにびっくりした。戦艦のようだ。日本の重巡に較べ何とマストの高いこと、その上には方位盤が載っている。ワシントン条約により主力艦の建造が中止され、巡洋艦は最大１万トンまでと制限された。その結果、各国は持てる最高の技術で最大の艦を造った。英国の重巡ロンドン級の写真を見ると、まるで汽船みたいだ。その高い乾舷と優れた居住性は、世界中に広い版図を持つ英国としては理想の型だったと思う、と小松崎は言う。小松崎少年は自宅近くの告知板に重巡高雄の写真が貼ってあったのを見てその素晴らしいスタイルに魅惑され１時間も見ていた。毎日その告知板の軍艦高雄の写真を見に行った。

小松崎少年が感じたように、日米の重巡は準戦艦の目的で建造され、英海軍の巡洋艦は世界各地の植民地に派遣され、長期間ここで停泊するから、戦闘能力を犠牲にしても、居住性を重視する。近くの床屋にあった『歴史写真』というグラフ誌で、米海軍空母レキシントンと姉妹艦サラトガを見た。何と美しい姿であろうか。まるで白いマンモスのようだ。ショックで夜も寝られなかった。我が空母赤城や加賀とはどう贔屓目に見ても、むこうの方が凄い、と思った。その後、米映画「太平洋爆撃隊」を見た。カーチス・ヘルダイバー（急降下爆撃機）という飛行機のすばらしさ。大型空母サラトガが、がんがん出て来る（小松崎茂「私が軍艦少年だった頃」『丸』平成6年10月別冊）。

ウィルバー海軍長官からこの5ヵ年計画を聞いたクーリッジ大統領は、海軍列強と競争するのではなく、米艦隊のバランスを良くするためだとして、戦艦と浮きドックは認めず、9隻の駆逐艦を縮小した28隻の駆逐艦と要望通りの潜水艦建造を認めた。

ヒューズが海軍作戦部長として下院海軍委員会に初めて出席したのは１９２８年1月で、次のような発言を行った。

①自分が知る限り、海軍は艦を必要としている。制海権（Command of the Sea）の主導的確保は出来ぬとしても、沿岸防衛と通商保護、また他の列強との関係を維持するに必要なバランスの取れた艦隊と考えるものを用意しようとするのが海軍の計画だ。これは、適正兵力などとは言えないが、他の列強に対処していくのに合理的なものと考える。

ヒューズによれば、合理的兵力とは「海軍が何かをやることに相当な機会を持てる兵力」であって、適正兵力とは「海軍が何かをやるために確実な機会を準備出来る兵力」であった。

②海軍将官会議の勧告は、自分が海上にいた時、合衆国艦隊長官として考えていた諸要求と一致している。

③要求の巡洋艦43隻のうち、26隻は直接的に戦闘艦隊に配置し、9隻はパナマ運河防衛に、

2隻は駆逐艦艦隊の旗艦用に、6隻は商船護衛に配置する。

④これら巡洋艦に関しては、全てワシントン条約で最大リミットの口径8インチ主砲、1万トンの巡洋艦を要求する。小型主砲の英巡洋艦艦隊に対して優勢となるためである。英国は、速力は遅いが小型巡洋艦に改造出来るように建造した商船を米国に比べて5倍も所有している。

⑤ワシントン条約で空母の合計上限トン数は13万5000トンと制限されているが、その上限一杯の建造を要求する。巡洋戦艦（戦艦より速度が速いものの装甲は薄い）用に建造中であったサラトガとレキシントンはワシントン条約により、大型空母に改造された（日本海軍でも同条約により戦艦として建造中だった加賀、巡洋戦艦として建造中だった赤城は空母の変更改造）。この大型空母2隻で同条約上限半分の6万6000トンとなるので、1万3800トン級小型空母5隻の建造を希望する。

海大校長のウィリアム・S・シムズ少将は、航空が海軍主力の戦艦に取って代わると主張していたが、ヒューズはこの考えに同意しなかったが、艦隊指揮官としては、自軍機が自由に敵艦隊を攻撃し、敵主力艦への雷撃や煙幕作戦の実施、戦術索敵、着弾観測を実施するため、航空兵力の必要性、並びに戦闘機戦力による制空権確保は必要だと考えた。

⑥米艦隊の8個駆逐艦隊の旗艦用に9隻の大型駆逐艦を希望するとともに、大洋を巡航出来る1400トンから1700トン級潜水艦35隻を要求する。

これらの艦を5年以内に起工し、8年後に完成させるのが、ヒューズの希望であった。

ヒューズの下院海軍委員会での証言に対し、ブリテン委員長は「自分は16年間この委員会に関係したが、かくも率直で有益な海軍関係者はいなかった」とヒューズを激賞した。しかし、同委員会は「5年間に25隻の重巡洋艦」という海軍の要求に対し、「3年間に15隻の起工と1隻の軽空母（後にレンジャーと命名）を最初の年に起工」という結論を出し、他の要求は認めなかった。第一次大戦後の厭戦気分が残っており、議会としても海軍の要求をそのまま認めることは出来なかったのだ。結局、下院海軍委員会で認められた俗称「巡洋艦法」は下院を通過したものの、上院で保留となり、夏まで下院で再検討はされなかった。

戦艦、航空兵力対策

ヒューズの考えは同時代の海軍人一般の考えと同様に、米海軍にとって最重要なのは戦艦戦列（Battleship Line）というものであった。戦艦に関しては、ワシントン条約（１９２２年）で10年間は新たな建造中止というネーバル・ホリデーに入っていて、１９２０年代の長期計画では、18隻戦艦のうち老朽艦13隻の近代化が主眼となっていた。具体的には、①石炭燃焼式から石油燃焼式に、②対空砲増設、③主砲の仰角を上げての砲弾長距離化、④装甲甲板の強化、といったものである。

ヒューズが海軍作戦部長になる以前に議会は8隻の旧式戦艦の近代化を認めていたものの、旧式戦艦13隻中最後の3隻（ニューメキシコ、アイダホ、ミシッシッピー）の近代化は持ち越された。ヒューズはネーバル・ホリデー後の１９３２年以降に旧式戦艦を新式戦艦に替えようと考え、１９２９年4月、フロリダ、ワイオミング、ユタの退役と引き替えに2隻の戦艦建造を大統領了承のもとに議会に求めることになるだろうと語っていた。しかし、その後のロンドン海軍軍縮条約（１９３０年）によって、ネーバル・ホリデーがさらに5年間延期となったため、新戦艦建造計画も延期になった。

ヒューズは艦隊の主力戦力は戦艦と考えていたが、航空戦力の潜在力は認めざるを得なかった。１９２６年の5ヵ年計画では海軍航空機は１０００機であったが、ヒューズが退く時にはほぼ達成出来ていた。そして大型空母サラトガとレキシントンが就航したことにより海上航空戦力は実現した。

それをはっきり示したのは第9回海軍大演習であった。軽巡洋艦オハマの護衛を受けたサラトガは、海上と陸上からの敵探索を逃れてパナマ運河奇襲を成功させたから、陸軍航空隊による沿岸防衛が安全でないとの海軍航空関係者の考えが実証された。この演習は、ヒューズの親友ジョセフ・Ｍ・リーブスの指揮で行われた。リーブスはその後海軍将官会議入りを果たしている。リーブスは中年になってから、フロリダ州ペンサコーラの海軍飛行学校に入学して操縦員資格を修得し、空母サラトガ艦長を経て航空艦隊司令官になった経歴を持つ。ヒューズはリーブスとモフェット航空局長という組み合わせで海軍航空のバランスを取ろうとしたのだ。

海軍航空の父モフェット航空局長

モフェットは有能なのだが、リーブスにとって御《ぎょ》し難い人物だった。元々、資産家のモフェットは海軍をクビになっても困らないとの事情もあって、海軍航空充実のため、議会をはじめ各方面への大胆な言動を敢えて辞さなかった。このためヒューズは困惑することも少なくなかった。

予算や人員の枠があるため、海軍航空増強には他部門の犠牲を伴った。当時、下士官兵の数はコンスタントに8万5000人であったが、航空関係人員は1923年の4247人から1930年には1万7771人とほぼ2倍になった。海軍全体としての人員増を議会に要求するのだが、1931年には要求の86・1%しか認められなかった。

モフェット

モフェットは航空関係者の人事を巡ってレイ航海局長（航海局は海軍人事を職掌。太平洋戦争中に人事局と改称）とは激しく対立した。操縦員は水上勤務者と職務が大きく異なるから、初期・中期教育を水上艦勤務者とは異なるようにすべきで、そのローテーションや移動は航空局が握るべきだとするのがモフェットの考えであった。ヒューズは2期8年間の任期切れを期にモフェットを代えたいと考えたが、モフェットはホワイトハウスに影響力のある友人を介して3期目の航空局長を続けられるよう工作した。海上勤務に出ればモフェットは戦闘艦隊長官や合衆国艦隊長官にもなれるほど有能な存在だったが、自分が海軍航空に専念することが米海軍のためになると信じ、敢えて航空局長に留まるための工作をしたのだった。

モフェットは、議会工作や議員の説得に念入りな準備を怠らず、そのための努力を惜しまなかった。社会情勢への配慮も万端で、第一次大戦後の厭戦気分が社会に充満した時には、海軍行事以外には軍服着用を禁じ、自分もそのようにした。議員からの要求にも真摯に対応した。

「海軍航空の父」と呼ばれたモフェットは、日本海軍の山本五十六と比較したくなる人物だ。確かに、政治的力量や海軍航空行政に優れた人物であったが、航空戦力の革命的将来を見通したり、そのために激烈な言動を辞さなかった陸軍航空のビリー・ミッチェル准将や、海軍大学校長のシムズ少将のような海軍航空先覚者とか航空戦術家ではなかった。その点で、航空戦術に卓見を有し、航空本部長としても航空行政に並々ならぬ見識と実行力を持ち、併せて真珠湾への航空奇襲という前代未聞の作戦を断行させた山本五十六と較べると戦術・見識の点で及ばなかったと思う。

モフェットの持論は、①多数の軽空母、②飛行甲板を持つ巡洋艦、③巡洋艦の代替として飛行船を活用するというものであった。ヒューズは②を疑問視して実現に至らなかったが、太平洋戦争後の対潜水艦戦用へリコプター搭載巡洋艦として実現し活用されている。③に関しては、巡洋艦建造には巨額の費用が必要で海軍財務を圧迫する。巡洋艦の任務である敵艦隊の索敵は飛行船でも可能であり、航続距離は巡洋艦に劣らず、速度も格段に速い。そのうえ建造費用が安価だ。しかし、巨大な図体に水素ガスが充満していて発火しやすいから、敵戦闘機の餌食になりやすいのだ。実際、大西洋横断豪華飛行船ヒンデンブルグ号が着地の際、大爆発するという惨事が起こったし、肝心のモフェットが１９３３年の演習中、飛行船アクロン号の事故で殉職したので、飛行船問題は幕を閉じた。

第９回海軍大演習で、海軍航空兵力の成果が評価され、海軍評価委員会で維持費用の面からサラトガとレキシントンの２隻の大型空母のうち１隻を退役させる案が出た時にはヒューズは強く反対した。

ロンドン海軍軍縮会議

ハーバート・フーバーがホワイトハウス入りしたのは１９２９年３月４日。

フーバー大統領は、15隻の戦艦建造を含む海軍の建艦計画には11億ドルもかかる、国家予算にはそのような余裕はないと予算局長から報告されていた。列強間の激しい海軍競争を避け、海軍予算をコントロールするため、フーバー大統領とスチムソン国務長官は、英米二大海軍国間で、ワシントン条約では決められなかった主力艦以外の補助艦を同量にする合意を探ろうとした。

フーバー大統領のこの考えは１９２９年４月の国際連盟軍備削減委員会（ジュネーブ）で米代表ギブソンが明らかにした。従来、米国は厳しい総トン数制限に固執してきたのだが、フーバー案は、排水量、艦年齢、主砲口径などの基準を作ろうとするものであった。即ち、米国には重巡、英国には軽巡というそれぞれの要望を認めつつ、両国海軍補助艦の戦力同一化を図ろうとするものだった。これは、ヒューズ海軍作戦部長や海軍将官会議から細かいアドバイスを受けたものではなく、大局から考えたものだったのだ。

幸い、英国労働党内閣マクドナルド首相も英米間の海軍軍縮条約に前向きだった。アダムズ海軍長官は、ジュネーブ海軍軍縮会議でのギブソン・スピーチのコピーをヒューズや海軍将官会議に送って意見を求めた。ヒューズは海軍将官会議の議長として次のような意見をまとめた。
○ギブソン・スピーチは巡洋艦のみにあてはまる。
○巡洋艦の艦種ごとにトン数の上限を設けるべし。
○艦種によって少々のトン数変化は認める。
○排水量、艦年齢、主砲口径をベースにした基準を作る。

米英の巡洋艦兵力の構成は異なっているが、それを認めた上で同一兵力化しようとするのがフーバーの希望であった。広い太平洋を西太平洋まで西進しなければならないため、航続距離が長く、敵巡洋艦や駆逐艦を撃破出来る重巡を必要とする米海軍と、世界各地に多くの植民地を抱えるため多数の軽巡洋艦を必要とする英海軍では戦略的事情が異なるのだ。

アダムズ長官は、どのような案なら呑めるのか報告せよと海軍将官会議に命じた。海軍将官会議の回答は、①排水量、艦年齢、主砲口径によって決められるべき、②８インチ主砲重巡23隻案は譲れない、③英国が必要とする警察行動的に使われる小型巡洋艦（small police cruiser）を米国が作るよう強制されてはならない、というものだった。

１９２９年９月11日、ヒューズ海軍作戦部長と海軍将官会議メンバーはホワイトハウスに招かれ、最新の英マクドナルド首相の、①巡洋艦隻数上限は50隻、トン数上限は33万９０００トン、②６５００トン級の８インチ主砲艦15隻、６インチ主砲艦14隻、③５０００トン以下の６インチ主砲艦21隻、との提案にどう対処すべきか意見を求められた。マクドナルドは、米国要望の重巡23隻案に対して日本がその７割を固執すれば、英国の重巡戦力は日本より劣勢になることを憂慮していた。

海軍将官会議は、①8インチ主砲、1万トン重巡21隻、②竣工済みのオハマ級6インチ主砲型10隻、③新しく建造する6インチ主砲型8隻、が必要と応えた。大統領と海軍長官は、①と②は認め、③は半分の4隻案を命じた。

この会合の9月11日以降、ヒューズと海軍将官会議は合衆国艦隊長官ウィリアム・V・プラット（後にヒューズの後任海軍作戦部長となる）と直接コンタクトした。9年前のワシントン海軍軍縮条約の際、多くの提督達は猛反対したのだが、海軍作戦部次長としてプラットはセオドア・ルーズベルト・ジュニア海軍次官と協力して同条約締結に尽力したことがあった。9年後のこの時もプラットは国務省の考えに同調した。これによってアングロサクソン兄弟国間の理解が深まり、両国にとって有益だとプラットは考えたのである。

マクドナルド首相は1929年10月に訪米して、①英国は西半球（南北アメリカ大陸周辺）に新たに基地を作らない、②米国は東半球（太平洋方面）で海軍力を維持する、との2点で合意した。ヒューズと海軍将官会議は、西半球のハリファックス（英領カナダ）、英領のバーミューダ、西インド諸島の現英軍基地は、現在の米国への地理的、潜在的脅威にはならないと判断していた。

1930年1月、アダムズ海軍長官は海軍軍縮会議出席のためロンドンに向け出発。その1ヵ月後の2月、心臓発作でヒューズは倒れた。過労が原因だった。ロンドン会議のニュースが入ってこず、ヒューズの頼りは新聞だけだったこともあり、イライラしていた。海の空気が身体に良いとの医師の勧めで新鋭重巡ペンサコーラに坐乗してパナマ方面に航行し、４月下旬に帰国した。

ロンドン海軍軍縮条約で米国は重巡を18隻に減らされ、日本はワシントン条約で主力艦対英米６割だったが、巡洋艦、駆逐艦、潜水艦の補助艦は７割に引き上げられた。上院での同条約批准に関する審議でヒューズも証言した。上官への忠誠心に富むヒューズではあったが、条約の内容に、①米海軍の必要とする艦船建造の自由は保持しておかねばならない、②８インチ主砲重巡は６インチ主砲軽巡よりも制限に融通が利くはずにもかかわらず、固定してしまっている、③同条約が西太平洋での日本海軍の優位を拡大させる、として反対の態度を示した。しかし、ヒューズ証言は上院の批准に影響を与えられず、条約は批准される。

ヒューズの退役は１９３０年11月の予定だったが、上院での政府案反対の態度を示したことは上官の大統領（三軍の最高指揮官）や海軍長官に楯突いたということだ。海軍省内での地位は複雑なものとなった。心臓発作による健康状態も悪化していて、後任を早く決める必要があった。ロンドン条約に賛成した合衆国艦隊長官プラットを後任に充てる考えをヒューズは受け入れた。プラットはヒューズを、信頼の出来る船乗りで、自分の知るかぎり最もハードワーカーの一人だと讃えた。

フーバー大統領はヒューズの退役願いを受け入れ、１９３０年９月17日退役リストに編入させた。ワシントン郊外に居を定めたヒューズは４つ星の大将から２つ星の少将に戻った。当時の米海軍の最上階級は少将で、就くポストによって大将とか中将になり、ポストを外れると元の少将に戻る制度であった。その点、日本海軍の制度とは違っていることを知っておく必要がある。そうでないと、ヒューズが2階級降格処分を受けたのだと誤解しかねないからだ。

4　五代目海軍作戦部長プラット

海軍軍縮会議と大恐慌

第一次大戦時のウィルソン民主党政権以降は共和党政権が続いた。ウィリアム・プラットが海軍作戦部長として仕えたのは29代ハーディングから31代フーバーまでの共和党政権であって、64歳定年での退役時期と民主党ルーズベルトの大統領就任時期はほぼ一致している。従って、プラットとルーズベルト政権の関係はほとんどなかったといってよい。

プラットが作戦部長当時の海軍長官はアダムズであって、この項ではフーバー大統領とアダムズ海軍長官について、また当時の米海軍にとって大問題だったワシントン、ロンドンの両海軍軍縮条約とジュネーブでの軍縮会議について記述する。

１８７４年8月10日、アイオワ州で生れたフーバーはスタンフォード大学を卒業、ネバダ州の金鉱山で働いた後、鉱山技師として世界各地を回り、国際的名声と財産を得た。人道主義者だった彼は、第一次大戦勃発後、鉱山業から手を引き、ドイツ占領下にあったベルギーへの食糧供給活動を指揮していた。時の大統領ウィルソンはフーバーを食糧庁長官に任命した。

戦争終結後も再び、欧州で食糧不足地域の人々のために救済活動に従事した。１９２１年共和党のハーディングが大統領になると、フーバーは商務長官に任命され、ハーディング、クーリッジの両大統領の下で働いた。商務長官としてフーバーは、アメリカ企業の海外での販路拡大を援けるよう商務省を指導すると共に、それぞれの業界企業が業界団体を作ることを奨励した。資本主義経済が社会全般の福祉に寄与するためには秩序と調和が必要と考えていたからだった。

フーバーが大統領に就任した１９２９年10月24日、ニューヨーク株式市場の大暴落が起き、これが以降の大恐慌に繋がった。１９３０年から１９３１年にかけ、不況は深刻化し、議会は「スムート・ホーレイ法」を通過させ、輸入品に高関税をかけるようになった。これは各国の反発と世界の高関税化を招き、貿易量が減少し、一層不況を高める結果となる。輸入に高い関税をかけるスムート・ホーレイ法に大きな影響を受けたのは日本で、生糸や綿織物の輸出に大打撃を蒙った。米国は豊かな資源国だから一国だけで生存出来る。英国は大英帝国として巨大なインドを領有し、カナダ、豪州といった大経済圏を持っていて、この英経済圏への輸入にスムート・ホーレイ法と同様の高関税をかけた。苦境に陥ったのは、資源を持たない日本やドイツだった。

日本軍の満洲占領、満洲国成立（１９３２年）に対し、スチムソン国務長官は日本に経済制裁を加えることを考えたが、経済制裁は戦争を導くとして、道徳的圧力以外の政策にフーバー大統領は反対した。国内的にも国際的にも秩序と調和を重視し、圧力をかけることを疑問視するフーバーの信条は、国際的には軍縮会議重視の政策に結び付いていったが、ロンドン、ジュネーブ（第2回：1931年）での海軍軍縮会議では困難に直面した。

失敗に終わった第1回ジュネーブ海軍軍縮会議

フーバー大統領は軍縮に情熱を傾け、ロンドン海軍軍縮条約を成功させた。ロンドン海軍軍縮会議の理解のためには、その3年前のクーリッジ大統領時代に失敗したジュネーブ軍縮会議のことも知っておく必要があろう。

1927年2月、クーリッジ大統領は議会に対して「ワシントン海軍軍縮条約範囲外の補助艦制限の目的で、新条約を締結するための5ヵ国（英米日仏伊）会議」を提唱し、各国政府に打診。仏伊両国は賛同出来ないとして不参加を回答し、傍聴者として出席することにした。結局、日米英の三国が参加することとなった。日本側全権は朝鮮総督の斎藤実海軍大将、特別全権大使は外交官の石井菊次郎。米国代表はギブソン駐ベルギー大使、英国代表はブリッジマン軍令部長であった。

この会議に海軍委員として参加した佐藤市郎中佐は、岸信介や佐藤栄作元両首相の長兄。南雲忠一と同期で、古賀峯一の2期下、井上成美や小沢治三郎の1期上の海兵36期クラスヘッド（卒業席次首位）だった。佐藤はジュネーブ会議とロンドン会議に海軍側随員委員として出席し、「寿府（ジュネーブ）三国会議秘録」と「倫敦（ロンドン）会議抜き書き」を書き残しているが、これを読むと日本側から見た会議の様子がよくわかる。

１９２７年6月20日から始まったこの会議について、佐藤市郎日記の8月３日は「愛児は遂に死せり。嗟乎」で始まり、この日にジュネーブ会議が破綻したことを記している。会議の失敗の原因について佐藤中佐は次のように書いた。

○各国共に軍縮に関する誠意に欠けていた。米国のこの会議の提唱は共和党の来るべき選挙に対する内政的考慮により発足し、米代表のギブソン（ベルギー駐在大使）は若輩の身を以て一挙に高名を増さんと高念していた。

○各国とも然るべき役者が不足していた。

○英米日の三国も大政治家に欠けていた。

○招請者たる米国の態度が不都合千万だった。

○日本は、しばしばの好機を逸した。

アダムズ海軍長官とロンドン海軍軍縮条約

１９２９年、第31代大統領に就任したフーバーは、海軍長官にアダムズを任命。この時の海軍作戦部長はヒューズ、合衆国艦隊長官はプラットだった。フーバーの信条は「平和は我国国防力への各国からの尊敬によって得られ、軍縮によって増進される」との考えで、国際的軍縮会議に情熱を燃やした。財政負担の大きい海軍予算の増大を避けるためには、世界の海軍予算を減らすための国際協調が必要と考えたのだ。

フーバーとスチムソン国務長官は、各国と軍縮条約を結んで軍備縮小を目指そうとした。フーバーの目的は、軍縮により平和を目指す、全艦種の新造艦コストを減らし、特に旧式戦艦近代化のコストを削減すること、であった。

１９２７年のクーリッジ大統領時代の第1回ジュネーブ軍縮会議が失敗していたので、１９２２年のワシントン海軍軍縮条約では制限のなかった補助艦の制限を話し合う会議を世界一の海軍国英国の首都ロンドンで開くことを考え、フーバーは１９２９年６月に渡英、駐英大使ドーズと共に英首相マクドナルドと討議し、マクドナルドは４ヵ月後の10月にワシントンを訪れ、協議を深めた。

かくして、１９３０年1月にロンドンで海軍軍縮会議が開かれることになった。もちろん、英米間の考えが一致したわけではない。世界中に植民地を持つ英国は軽巡洋艦を多数所有したいのに対して、米国は広大な太平洋を挟んで日本と対峙しているから、１万トン８インチ主砲の重巡を多数持ちたい。英国がこの重巡を15隻に制限したいのに対し、米海軍将官会議の意見はこの種の重巡を最低限でも21隻必要としていた。

フーバー大統領に呼ばれてアダムズ海軍長官はいくつもの予算会議に出席した。海軍軍縮を行えば、予算節約や減税も可能となる。今後50年間、世界平和を妨げるような危機は少ないだろうと考えるフーバーは、ロンドンから帰った１９２９年7月25日、「軍備支出を減らして、しかも適切な国防力を保ち、大規模な減税がしたい」と国民に呼びかけた。

８月初旬には、計画されていた重巡５隻の建造を延期した。アダムズ海軍長官の仕事は、大統領の考えを海軍が理解し、大統領を支援することだった。海軍将官会議で建艦計画を担当していたヒラリー・P・ジョーンズ少将は、「大統領や国務省の考えは非現実的で実行困難」とし、大統領と国務省に不信感を抱いていることを表明した。アダムズは、大統領や国務省の意向と海軍将官会議を中心とする海軍強硬派との板ばさみにならざるを得なかった。

9月になると、アダムズは軍縮会議の海軍側専門委員の一人に、当時合衆国艦隊長官だったプラットを任命した。それは、8年前のワシントン海軍軍縮条約に海軍内が猛反対した中でプラット海軍作戦部次長は賛成しており、プラットならフーバー政権に協力するだろうとの読みがあったからである。

1930年1月21日からロンドン海軍軍縮会議は始まったが、3月2日、アダムズ海軍長官は「無制限建艦競争よりも制限する国際条約が望ましい」と宣言。経緯はいろいろあったが、4月22日、ロンドン海軍軍縮条約が調印された。英米日の補助艦総トン数は10：10：7（正確には6・975）であった。より詳細に言うと、重巡では10：10：6、軽巡と駆逐艦で10：10：7、潜水艦は三国同率であった。

プラット

海軍記者として有名だった伊藤正徳は、ロンドン海軍軍縮条約がなんとかまとまった理由の一つに、米海軍首席補佐官が強硬派のジョーンズからプラットに替ったことを挙げている（伊藤正徳『大海軍を想う』）

条約の批准審議を行う上院公聴会は6月に行われた。海軍将官会議代表は、米国の利害が大きい支那大陸とフィリピンに対する日本の攻撃的姿勢に、これでは防御出来ないとして、条約に反対した。アダムズ海軍長官は、5月14日の公聴会で次のように証言した。

「ロンドン派遣代表団は、海軍建艦競争終結のための国際間協調、英国に対する海軍力保持、日米両海軍の納得を調整、出来得る限り艦船の総トン数を減らす、との目的を持っており、ロンドン海軍軍縮条約はこの4点を満足させるものだ」

同じ5月14日、プラットもアダムズと同じ証言を行った。

条約が上院で批准された後、フーバーはニューメキシコ、ミシシッピー、アイダホの3つの旧式戦艦の近代化として3000万ドル支出を認めたが、ロンドン会議の後も、フーバーはアダムズに海軍経費切り詰めを強く求め続けた。

1931年1月、下院海軍委員会委員のカール・ビンソン議員は、ロンドン条約上限までの建艦を求める法案を提出した。海軍作戦部長になったプラットはこの法案に賛成したが、上院は通過したものの下院では採決投票が行われず流産となった。数人の共和党下院議員はビンソン法案に賛成したアダムズ海軍長官に対して、海軍軍縮を求める大統領への忠節に疑問ありとして攻撃した。

フーバーは、フィリピンを独立させ、支那大陸への米国の「門戸開放宣言（支那大陸市場を開放せよ）」を引っ込めれば、日本は米国の条件下で軍備制限に応じ、アジアの危機は少なくなるだろうと考えたが、欧州でのドイツのナショナリズムと英国の現実主義からのフランス安全保障問題（対ドイツ）は考えていなかった。

日本海軍とロンドン軍縮会議

日本代表は若槻礼次郎（元首相）、海軍代表は財部彪海相で、専門委員として山本五十六大佐も参加していた。英国代表はマクドナルド首相、米国代表はスチムソン国務長官と海軍代表としてアダムス海軍長官であった。仏伊もこの大会に参加したが、実質的な議論を戦わせたのはビッグスリーの英米日三国であった。

この会議には第１回ジュネーブ軍縮会議と同様、佐藤市郎大佐は参加した。佐藤日記には「今度の会議には山本五十六少将が居られるので百の難関も千の不快も悉く償って余りがある」と記している。このほかの記述を見ても、佐藤が山本五十六を深く敬愛していたことがわかる。

首席全権の若槻礼次郎は著書『古風庵回顧録』で次のように書いている。

政府の訓令は、①総トン数において我国７、米国10の比率にすること。②重巡についてもこの比率とすること。③潜水艦に関して日本は７万２０００トンを所有することの三つで、これを約束してこいということであった。

若槻はインド洋を通ってロンドンへ行く予定であったが、米政府から是非米国を経由されたいとの申し出があったので米国経由とした。ワシントンではフーバー大統領に謁見。晩餐会の後、別室でフーバーと会談し、ワシントン海軍軍縮条約では主力艦の米日比率は10：６だが、巡洋艦は10：７でなければならないと伝えたが、フーバーは「ノー」と言うだけだった。

結局、ロンドンでの交渉では日米妥協案として補助艦の対米国比率は69・75％ということになった。若槻は、政府から受けている訓令とは多少違っているが趣旨は全て貫いているのでこれでどうかと政府に請訓した。ロンドンに来ていた海軍側代表の大部分はこれに反対したが、若槻は、政府が大きな修正や注文を付けたりして請訓を了承しない場合は、全権を辞職する覚悟だったと言う。

昭和5年（1930年）1月のロンドン軍縮会議は、ワシントン海軍軍縮条約（大正11年：1922年）で主力艦（戦艦と空母）のみが協定され、補助艦の協定は後日に延ばされたため、それをまとめるための会議であった。これより先、昭和2年（1927年）にジュネーブ会議を開いたが協定に失敗した。軍令部（海軍の作戦担当部門）は協定の三大原則を発表し、国民の支持を得てそれを達成しようとした。それは、①補助艦総トン数を対米比率7割、②重巡比率も7割、③潜水艦の現保有兵力（7万8000トン）維持であった。会議では日米双方が譲らず難航したが、米国の首席専門委員がジョーンズ提督（海軍将官会議を代表する強硬派）からプラット提督（当時合衆国艦隊長官、後に海軍作戦部長）に代り、プラット提督が大局を正視したこともあって、1月から始まった会議は3月14日に日米の妥協案がまとまり、前述したように若槻はこれで行きたいと政府に請訓した。海軍省（人、物、金の実物扱う）は協定すべきという意見が多く、軍令部（作戦計画と言ういわば、作文で仕事をする部門）は次の二つの欠点があるとして反対した。①重巡の比率が6割であること。ワシントン海軍軍縮条約で、戦艦は建造休止で既に10年、ロンドン軍縮会議で更に5年延長され前途も不明であるうえ、重巡こそ準主力艦だから、７割が不可欠。②潜水艦は日本海軍の特殊武器であり、米艦隊の西進を迎え撃つ漸減邀撃作戦に潜水艦戦力は不可欠であって、妥協案の５万２０００トンでは明らかに不十分である。しかし、海軍省側や浜口雄幸首相らは調印すべきだとの意見で４月22日調印と決した。何とか10月２日には帝国議会で批准されたものの、この大騒動で軍人の下剋上的傾向が生じ、海軍の人的大損失を招いた。次世代海軍を背負う次官山梨勝之進中将は軍令部次長末次信正中将と同時に、恰も喧嘩両成敗の形で６月10日に更迭された。軍令部長加藤寛治、海相財部彪も辞任。軍令部と最も痛烈に論争した軍務局長堀悌吉少将を去らしめたのは海軍の大損失であったと堀と海兵同期の山本五十六は、海軍記者伊藤正徳に切言した。

大局からロンドン条約をまとめようとした海軍大将斎藤実、同岡田啓介、同鈴木貫太郎が何れも、二・二六事件に際して青年将校から襲われたことは何を意味するだろうか。当時の首相浜口雄幸も東京駅で右翼青年に狙撃され、それが原因で死亡した。

第２回ジュネーブ軍縮会議（１９３２年）

プラットは「海軍としてはワシントンとロンドンの海軍軍縮条約で上限が決まっているので、後はその上限に向かって建艦あるのみ」と発言し、アダムズも更なる海軍軍縮には抵抗を示した。

スチムソン国務長官は、さらに陸軍も含めた世界軍縮条約を考えて調整し、国際連盟本部のあるジュネーブで軍縮会議が１９３２年２月２日から始まった。しかし、この世界軍縮会議は何も出来なかった。

太平洋戦争末期に軍令部作戦部長だった富岡定俊少将は、ロンドン軍縮会議直後の1932年の第2回ジュネーブ一般軍縮会議（海軍だけでなく陸軍の軍縮も協議した）に代表委員随員として参加した。その時に感じたことを次のように書いている。
①日本政府も新聞も、真面目一辺倒の声明文や弁解文を出すが、長ったらしくて面白くもない論文は一般人もジャーナリストも出先では読まない。そこに巧妙に日本の野蛮さを表現した諷刺画をぱっと出され、寸鉄で刺されたような気がした。米国紙が鋭く、英国のも諷刺に威力があった。これからの宣伝戦上勉強しなくてはならないと痛感して各国新聞の風刺画を皆切り抜いて海軍報道部に送ったが、その後、少しも進歩しなかった。
②外務省は会議の経過から新聞論調まで、それこそ一字一句も省略せず交渉相手の手振り身振りまで暗号電報で報告する。陸軍は中央に気に入るような情報や意見を打電する傾向があった。海軍は極端な簡潔主義で冗長な電報を打とうものなら、叱られ軽蔑された。
③弱国（イタリアとかルーマニア）の軍人は多く華美な服装をしていた。
富岡の指摘の①は21世紀初期の現在にも続く日本政府（特に外務省）の宣伝戦の不味さ、不得意さを表しており、②は、国務省がリードする体制であった米国に較べ、日本は外務、陸軍、海軍がバラバラでまとまっていなかったことを示す一例であろう。

第7章

❖

フランクリン・ルーズベルト大統領と第二次大戦

1　第1次大戦終了、雌伏の時代

１９１９年1月2日、フランクリン・ルーズベルトと妻エレノアは客船ジョージ・ワシントン号に乗船して欧州に向かった。船中で、1月6日に一族のセオドア・ルーズベルト元大統領が自宅で死んだ、とのダニエルズ長官からの電報を受け取った。まだ60歳の若さのセオドアは１９２０年の次の大統領選挙に出馬の意欲を持っていた。船内の新聞記者の取材を受けたフランクリンは、「自分の知る限り、最も偉大な人物だった」と答えた。

陸軍長官ベーカーと海軍長官ダニエルズは、全部隊、全艦隊に半旗を掲げるように命じた。セオドアの末っ子で四男のクエンチンは陸軍航空隊に入隊し、欧州戦線で戦死していたこともあり、陸軍航空隊司令官は、四発機を２機、セオドアの自宅のあるオイスターベイ・サガモアヒルの上空に飛ばし、月桂樹の墓前輪を投下させ、葬儀が終るまで上空を旋回させた。

欧州に着いたフランクリンは、英国、フランスの激戦地を訪れ、フランスの港町ブレストから客船ジョージ・ワシントンに乗船し2月23日にボストンに帰国した。

１９２０年の大統領選挙で民主党は大統領候補にオハイオ州知事ジェームズ・M・コックスを選んだが、「政治的には１００万ドルの価値」があり、国民周知のルーズベルト元大統領の一族であるフランクリンを担ごうという気運が高まり、コックスは副大統領候補にフランクリン・ルーズベルトを指名した。

ルーズベルトは全国各地を列車で遊説して廻り、演説回数も１千回以上に及んだが、大統領選挙では共和党のウォーレン・Ｇ・ハーディングに敗れた。

選挙後、ルーズベルトはニューヨーク市内に法律事務所を開業した。週末にはハドソン川を望むハイドパーク村の私邸で過ごし、夏はキャンポベロ島にある別荘で過ごした。１９２１年の夏、この別荘で小児マヒに罹り、９月にニューヨークの病院に入院した。10月に帰宅することが出来たが、以降、補装具と松葉杖なしには歩けない身体になった。強い精神力でリハビリに励み、人前では快活に振舞い、松葉杖は見せないようにした。後の１９３２年11月の大統領選挙で共和党のフーバー大統領を破って当選した時、国民の多くは、新大統領が自分の脚を動かせないことを知らなかった。

１９２４年の大統領選挙では、共和党は、ハーディング大統領の任期中の死去で昇格していたクーリッジを大統領候補に選んだ。ルーズベルトは、ニューヨーク州知事アルフレッド・スミスを民主党の大統領候補とするための選挙運動責任者になった。運動期間中、長男ジェームズ（当時16歳、後、太平洋戦争中は海兵隊少佐）の力を借りて演壇に上がり支持を訴えたが、民主党は内輪もめ状態となり、スミスとギブス・マッカドーが互いに譲らず、結局両人とも辞退してしまい、急遽ジョン・デービスが大統領候補になったものの選挙には敗れ、クーリッジが当選した。

リハビリには温泉プールが良いと聞くと、ルーズベルトはジョージア州の温泉ウォームスプリングに行き、毎日プールで数時間過ごした。この地が気に入ったルーズベルトは自分専用の別荘も建てている。ちなみに、太平洋戦争終結直前、長年の愛人に看取られて生涯を閉じたのはこの別荘である。

次の１９２８年の大統領選挙は民主党はスミスで戦ったが、共和党のフーバーに敗れた。１９２０年から三回続けて民主党は敗れたのだ。

２　ニューヨーク州知事から大統領に

１９２４年の大統領選挙では応援するスミスが民主党大統領候補になれなかったが、ルーズベルトはニューヨーク州知事選挙に立候補し、大接戦の末、当選した。この選挙では列車と車で州内をくまなく廻り、立って演説する時には脚に補装具をつけて一日平均６回も演説した。

１９２９年10月24日、ニューヨーク株式取引所の株価が大暴落し、世にいう大恐慌が始まった。株券は紙屑同然となり、工業生産は半分の大減産となって、４人に１人が失業した。

１９３２年の大統領選挙では、共和党は現職のフーバーを立て、民主党はフランクリン・ルーズベルトを選んだ。大恐慌は、ハーディングには逆風となり、未曽有の難局に対処する「ニューディール」を掲げるルーズベルトに追い風となり、圧勝した。24年振りに、ルーズベルト一族が大統領のポストに坐ったのだ。米海軍関係者はルーズベルトの大統領就任を歓迎した。

海軍作戦部長のウィリアム・スタンドレーは、「フランクリン・ルーズベルトはマハンの諸著作の熱心な研究者で、強力な海軍への信奉者だ。シーパワーへの無限の信念を持っており、海軍次官の経験があり、その当時、海軍の相当な知識と経験を持っていたことを思い出す」と語っている。対日戦計画のオレンジ・プランに深く関ったヤーネル提督も、「有難いことに、フランクリン・ルーズベルトは平和主義者の前大統領フーバーの後追いはしないだろう」と言った。

ルーズベルトは、海軍情報部で得た新しい情報は何でも聞かせてほしいと、就任半年後の１９３３年10月に海軍省に伝えている。海軍情報部に大統領が関心を示したのはセオドア・ルーズベルト以来のことだった。「米国による世界の海の支配」というセオドア・ルーズベルトやマハンの夢は、フランクリン・ルーズベルト大統領の時代に実現する。

就任前の１９３３年2月、ルーズベルトはフロリダ州マイアミで暴漢にピストルで撃たれている。彼は難を免れたが、同行していた６人が負傷し、シカゴ市長は亡くなった。

大統領に就任すると、最初の百日間に次々と「ニューディール」の施策を出す。その骨子は①銀行・通貨の統制、②財政危機の会社・財産所有者への信用供与と援助、③農民の救済、④公共事業と開発事業の調整と促進、⑤組織労働者側の団体交渉権の整備、⑥社会保障制度の実施、等であった。

１９３６年の大統領選挙では、共和党の大統領候補となったカンザス州知事アルフレッド・ランドンが「ニューディール」は無駄な大きな政府を作ったと批判したが、大恐慌に苦しんだ大衆の支持を得てルーズベルトは再選を果たした。

大統領二期目は、米国外交の舵取りが問題になってきた。1939年9月1日には独軍がポーランドに侵攻し、第二次大戦が勃発した。米国は中立を宣言した。一方、東アジアでは支那事変が続くなど、国際情勢は悪化していった。

1940年5月、国防委員会(Defense Commission)を創設し、国防に関する準備状況や国防産業の育成政策案を直接大統領に報告させる体制を作った。また同じ5月には、航空機5万機製造に関する予算案を議会に提出。シアーズ・ローバック社社長のドナルド・ネルソンを委員長とする国防委員会の第1回会合が7月3日に開催され、戦争になれば、現在の生産量に較べ、鉄とアルミニウムは2倍、石油は6倍が必要となるが、それは可能であると報告されたが、問題はマレーが日本に占領された場合のゴムだった。

3　挙国一致内閣を名目に共和党のノックスを海軍長官に起用

ルーズベルトは民主党大会に「三選は望まない」とのメッセージを送ったが、「ルーズベルトを望む」の声が沸き起こって、三たび大統領候補に指名された。この時、共和党が指名したのはウェンデル・ウィルキーだった。余談だが、このウィルキーの妹が、太平洋戦争中の海軍トップだったキングの愛人と噂され、ネルソンの愛人ハミルトン夫人と較べられた人でもあった。

国際情勢の緊迫化は誰の目にも明らかになった。ルーズベルトは、米史上に例のない三期目の大統領を目指すことになった。挙国一致内閣を口実に、大統領選挙直前の１９４０年７月、共和党大物の元国務長官スチムソン、元副大統領候補ノックスを陸軍長官、海軍長官に据えた。これは明らかに共和党分断を狙ったものだった。怒った共和党は党大会で即座に両名を除名した。

ここで、ノックス海軍長官を紹介しておく。

フランク・W・ノックスは１８７４年ボストンに生れ、この地で少年時代を過ごす。水産市場で働いていた父がミシガン州のグランドラピッツに移って食料品店を開いたので、ノックスもここに移った。高校は中退し、田舎巡りのセールスマンになった。

当時の不況で失職し、苦学しながらミシガン州の小さなカレッジに入学。在学中に米西戦争（１８９８年）が勃発。セオドア・ルーズベルト海軍次官の「太い棍棒を持って、静かに話す」という外交姿勢に感銘を受け、周辺の未開地に文明を広げるのは「神から与えられたアメリカの明白な運命」とする思想に共鳴していた。もともと熱血漢で頑健、何事にも興味を持つ性格のノックスはカレッジを休学して、セオドア・ルーズベルトが創設して率いる義勇騎兵隊を志願した。

ノックス

この戦争中に書いたノックスの多くの手紙が郷里の『グランドラピッツ・ヘラルド』紙に掲載され評判になったことから、記者にならないかと誘われ、新聞記者の道を歩むこととなった。そして新聞社経営にも関わるようになり、次々と小さな町の新聞社を買収していった。

43歳の時、第一次大戦が勃発（1914年）。直ちに陸軍に志願。士官訓練所に入所し陸軍大尉となり欧州で戦い、少佐に進級。この大戦時のウィルソン内閣の海軍長官は、ノックスと同じように田舎の小さな町の新聞社を次々買収して北カロライナ州一の新聞社を育て上げたダニエルズで、海軍次官はフランクリン・ルーズベルトであった。ノックスは大戦終了後、予備の陸軍中佐から大佐に進級した。

帰国後、新聞王ハーストに招かれたが、意見が対立して1930年に別れ、その翌年、多額の借金をして『シカゴ・デイリー・ニュース』紙を買収、これを大きく育て上げた。

このように新聞社経営に才能を発揮したノックスだが、もともと政治に強い関心を持っていた。1924年にはニュー・ジャージー州知事選に出馬しようとしたこともあるし、共和党のフーバーと民主党のフランクリン・ルーズベルトの対決となった1932年の大統領選挙ではフーバーの広報担当選挙参謀として選挙戦に臨んだ。『シカゴ・デイリー・ニュース』紙は、ルーズベルトのニューディール政策を激しく批判した。これは、大統領選挙でウィルソンの広報担当選挙参謀になったダニエルズが自分の新聞でウィルソンを応援したのとよく似ている。

この選挙はルーズベルトが勝利し、翌年の1933年3月に大統領に就任した。ドイツではその2ヵ月にヒトラーが首相になっていた。

ノックスは、次の1936年の大統領選挙への出馬を目指し、共和党大統領候補指名選挙に臨んだが、カンザス州知事のアルフレッド・ランドンに敗れ、共和党副大統領候補となった。この時の選挙もルーズベルトが勝利した。

1939年9月、ドイツ軍がポーランドに侵攻して第二次大戦が始まった。

ノックスが海軍長官として海軍省に登庁したのは1940年7月11日で、8日後の19日、両洋海軍（Two Ocean Navy）法案が議会を通過した。これは艦船132万トン、補助船舶10万トン、航空機1万5000機を含め海軍兵力をほぼ倍増しようとする予算案であった。太平洋で日本海軍と、大西洋でドイツ海軍と戦える海軍にするための海軍予算を認める法案である。

少なくとも2年間、職務に没頭しなければ海軍省のことはわからない、とある元海軍長官が言ったほど、海軍長官の仕事の範囲は複雑かつ巨大だ。ノックスの仕事のやり方は、裏表のない、率直、積極性を旨とした。時間と闘うジャーナリスト時代の習慣から、スピードを重視した。自分は方針決定に集中し、細部は部下達に委ねるやり方で、これはシカゴでの新聞社社主時代と同じであった。8時半に海軍省に登庁。午後は会議等がなければゴルフを1ラウンドというのが日課。週に1回の省内会議と記者会見。金曜の2時からはホワイトハウスでの閣議。第二次大戦が勃発して1年後の1940年10月からは、国務長官ハル、陸軍長官スチムソン、海軍長官ノックス三者による、防衛・外交問題を議題とする会合が週に一回開催されることになった。

ワシントンでは、初めはポトマック川に浮かぶ海軍長官専用ヨット・セコイアを宿舎としていたが、後には市内のホテルに夫人と住むようになった。

海軍長官直属として、それぞれ7人の補佐文官、補佐武官が付く。次官には、ニューヨークの投資銀行家ジェームズ・V・フォレスタルを選んだ。就任当時の海軍作戦部長はハロルド・R・スターク大将、海軍省の要である航海局長（後に人事局長と改称）はチェスター・W・ニミッツ少将、合衆国艦隊司令長官はジェームズ・O・リチャードソン大将である。当時、常設の合衆国艦隊司令部はなく、太平洋艦隊と大西洋艦隊が合同演習をする際などには臨時に太平洋艦隊長官が合衆国艦隊司令長官として両艦隊を指揮した。常設の合衆国艦隊司令部が創設されたのは日米開戦直後である。海軍作戦部長は、海軍長官の首席武官補佐官であって、大統領に直属する合衆国艦隊長官に一般的指示を与えるとともに作戦計画全般を策定する。

日米関係に暗雲が漂い始めた１９４１年１月から、日本外務省からワシントンの日本大使館に送られてくる機密電報は暗号解読され、毎日のようにルーズベルト、ノックス海軍長官、スチムソン陸軍長官、ハル国務長官に届けられるようになった。ノックスはこのいわゆる「マジック」について誰にも話さなかったが、海軍内では海軍作戦部長、情報部長、戦争計画部長に配布されるのを知っていた。

真珠湾奇襲により米国は第二次大戦に参戦した。ノックスは合衆国艦隊長官にキングを推し、ルーズベルトがスターク作戦部長を更迭してキングにこのポストを兼務させると、ノックスは、軍事作戦関係や、制服組高級士官人事をキングに委ねた。自身は、国民に向けての広報や議会対策に精力を割き、厖大な軍需品の調達に関してはフォレスタル次官に委ねた。

第二次大戦の帰趨がほぼ決った1944年4月28日、ノックスは心臓発作で死去。後任は次官のフォレスタルが任命された。

4　対日禁輸と在米日本資産凍結

国際関係の中で、武力戦と同等ないし、それ以上の意味を持つのが通商・経済戦だ。

1939年7月26日の米国による日米通商航海条約廃棄通告は、日米武力戦の序曲であった。同年12月22日、グルー駐日米大使は、新通商航海条約または暫定取り決めの締結を拒否する声明を出し、翌年1月26日同条約は失効した。

日米通商航海条約廃棄によって、まず1940年6月3日、工作機械の対日輸出が禁止された。当時、日本の保有していた工作機械は兵器生産に使えるものが、陸海軍工廠に5万5000台、民間工場に17万台、合計22万5000台あった。ちなみに米国が保有していた工作機械は日本の8倍の170万台であった。

日本は高能率、高精度のものはほとんど輸入に頼っていたが、ドイツは欧州で英、ソ連と戦争中で、ドイツから工作機械を輸入することは出来ない。兵器生産製造に必須の工作機械の入手困難は、日本にとって困窮の種となった。

さらに約4ヵ月後の9月26日、米国は対日屑鉄輸出を禁止した。兵器生産の基本は鋼鉄と工作機械なのは言うまでもないが、日本の鋼鉄生産は、米国からの屑鉄に頼るところが大きかった。屑鉄を必要としない銑鉄から製鋼にするための鉄鉱石も90％を輸入に依存している。このため、極力、鉄鉱石を国産にしなければならなくなったが、国内では釜石（岩手県）、倶知安（北海道）以外の鉱山は非常に小さく、鉄鉱石の品質も低くかったから、効率は悪かった。

１９４０年９月27日、日独伊三国同盟調印。１９４１年４月13日、日ソ中立条約調印。

１９４１年５月16日、英国はマレーから日本への生ゴム輸出を禁止した。当時、英領マレーとボルネオ産の生ゴム生産は世界の85％を占めていた。

同年７月25日、米国は在米日本資産を凍結。翌日には英国、翌々日にはオランダが自国内の日本資産を凍結した。これは、太平洋航路にも影響した。太平洋航路の女王と言われた豪華客船新田丸は、サンフランシスコの３マイル以内に近づけなくなったのだ。当時の国際法では領海は沿岸から３マイルで、３マイル内に入ると日本資産として凍結され、動けなくなる。そこで12マイル沖に停泊して、ここから乗客を大型ボートに乗せてサンフランシスコ港に上陸させた。三井物産や三菱銀行等の米、英、蘭での銀行口座は使えなくなり、貿易はストップした。１９３９年の輸入実績で見ると、米国からが39％、欧州からが10％で、輸入の半分がストップしたのだ。

同年８月１日、米国の対日石油輸出禁止。続いてオランダも対日石油輸出禁止。日本では、石油生産がゼロに近く、ほとんどを米国と蘭印（オランダ領インドネシア）から輸入していたから、これは日本に深刻な影響を与えた。石油備蓄量は年々減っていく。このままでは、近代産業は消滅し、軍艦は動かず、飛行機も飛べなくなる。

１９４０年の世界石油生産量は、米国が63・5％、中近東が14・０％、で、その他蘭印（インドネシア）が３・０％（生産量年間８００万トン）であった。日本の年間石油消費量は６００万トンだったから、日本の目が、自国生存のために蘭印に注がれたのは自然であった。

このような状況について昭和天皇は次のように独白されている。

「日米戦争は油で始まり、油で終った様なものであるが、開戦前の日米交渉時代に若し日独同盟がなかつたら、米国は安心して日本に油を呉れたかも知れぬ。実に石油の輸入禁止は日本を窮地に追い込んだものである。かくなつた以上は、万一の僥倖に期しても、戦った方が良いといふ考へが決定的になつたのは自然の勢いと云はねばならぬ。若し、あの時、私が主戦論を抑へたらば、陸海に多年錬磨の精鋭なる軍を持ち乍ら、むざむざ米国に屈伏すると云ふので、国内の与論は必ず沸騰し、クーデタが起つたであらう。実に難しい時であつた。その内にハルの所謂最後通牒が来たので、外交的にも最後の段階に至つた訳である」（『昭和天皇独白録』）

５　第二次大戦への参戦を

ロンドン海軍条約から５年後の１９３５年３月16日、ヒトラードイツが再軍備を宣言し、10月３日にはイタリア・エチオピア戦争が勃発した。

米国内には孤立主義の世論が強く、1935年8月31日に中立法が制定された。戦争が起こり、大統領が交戦状態と認めた場合、どちらの側にも武器輸出を禁じるというものであった。

1939年9月1日、独軍のポーランド侵攻により第二次大戦が始まった。11月3日、議会は禁制品の枠を廃止して、「現金払い、購入国船」に限って武器輸出を認めた。米国は参戦こそしなかったが、英仏側を援助出来るようにしたのであった。

1940年9月3日には、ニューファンドランド、バーミューダ、ジャマイカ等英軍基地に旧式駆逐艦50隻を貸与すると発表。その24日後の9月27日、日独伊三国同盟が締結された。更に3ヵ月後の12月29日、ルーズベルト大統領はラジオ放送「炉辺談話」で、米国は民主主義国の「兵器廠」になると国民に語った。

1941年3月11日、「武器貸与法」が議会を通過。送り出された武器類を確実に届けるため、大統領は米海軍を大西洋の途中まで護衛させる決定を出す。6月22日、独ソ戦勃発。

7月7日、米国はアイスランドに海兵隊を上陸させ、事実上、第二次大戦に参戦した。アイスランドがドイツ降下部隊により占領され、対英包囲網が厳しくなる恐れがあったため、アイスランドに進駐していた英軍の負担を少なくするため、米海兵隊を上陸させたのである。

Uボートの活動が激しくなるなか、中立を守りながら米国船団を護衛することは難しい。Uボートと砲火を交えれば、直ちに戦争状態に陥る危険がある。指揮官や艦長に対して、対Uボート作戦に関する指示が必要だったが、ルーズベルトの指示は曖昧で、スターク海軍作戦部長は苦悩した。スタークはある友人に、「我々がどうしても答えて欲しい緊急の問題点に、大統領は微笑するか、『ベティー。この件については、尋ねないで欲しい。方針は決して固定してはならず、常に柔軟に変わっていくものだ』という返事が返ってくる」とぼやいた。

カナダのニューファンドランド沖に停泊中の英戦艦プリンス・オブ・ウェールズ艦上で8月9日から3日間、チャーチルとルーズベルトは会談した（8月14日に大西洋憲章を発表）。ルーズベルトが「Uボートを見つけ次第撃て」と命じたのは、米駆逐艦グーリアがUボートの攻撃を受けた9月4日の1週間後だった。ルーズベルトは、米海兵隊の7月7日のアイスランド上陸、8月9日からのチャーチルとの会談、9月11日の「Uボートを見つけ次第撃て」命令によって対独戦を決意、8月1日の石油輸出禁止で対日戦を決意したと見て間違いなかろう。

あとは開戦の理由を見つけるだけである。その理由づけは、日本から先に米国に戦争を仕掛けさせることだ。ルーズベルトには、30歳半ばの海軍次官時代、中立を宣言し平和を標榜して大統領選挙に勝ったウィルソン政権が対独戦に踏み切らざるを得なかった苦い体験があった。ルーズベルト自身も、欧州で勃発した第二次大戦には中立を宣言し、平和主義を掲げて１９４０年の大統領選挙に勝っていた。

第二次大戦の一つの山場とも言えるロンドン大空襲が１９４１年9月7日から始まっていた。この日から11月にかけて、独空軍は毎夜平均２００機の爆撃機による英国本土の空襲を行ったが、バトル・オブ・ブリテンと呼ばれる決死的な英戦闘機の反撃戦によって独空軍は大損害を受けた。ちなみに、この英空軍によるドイツ機邀撃作戦には、八木秀次東北大学教授が発明したレーダーが活躍したことを指摘しておきたい。ドイツは制空権も取れず、英本土上陸も出来ず、この年の暮れには英国の危機は一応去っていた。

12月6日、独軍のモスクワ攻撃失敗。2日後、日本軍が真珠湾を空襲し、日米戦争が始まり、米国は独伊との戦争に入った。

6　人種偏見意識の持ち主

太平洋戦争は人種戦争の一面があったことは否めない。大西洋を渡って来る白人移民は歓迎するが、太平洋を渡って来る黄色人種日本人は拒否する、という米国の人種差別政策に日本人が憤慨したのが、この戦争の一因である。

大統領フランクリン・ルーズベルトも厳しい人種偏見意識の持主だった。

太平洋戦争勃発から8ヵ月後の1942年8月、駐米英公使サー・ロナルド・キャンベルは、ニューヨーク州ハイドパーク村にあるルーズベルトの私邸を訪れた。そこでルーズベルトが語ったことをキャンベルは英外相に次のように報告している（英首相府ファイルに所蔵されていたのが戦後公開された）。

「ルーズベルトはスミソニアン博物館の自然人類学担当のアレシュ・ヘリチカ博士と親交があり、博士から次の二つを学んだ、と語った。
○インド人が白人と同種だということ。

○日本人が極東で悪行を重ねるのは、頭蓋骨が未発達で、白人と較べ２０００年以上も遅れているのが原因」

キャンベルのこの報告からは、日本人に対するルーズベルトのあからさまな人種偏見が読み取れる。

日米開戦５年前（１９３６年）に、ルーズベルトは対日有事を想定して、ハワイの日系人を強制収容所に収監する計画を検討していたことも指摘しておきたい。これに関する文書がハイドパークのルーズベルト私邸図書館に極秘保管されていた（産経新聞、２００８年12月３日「開戦５年前日系人収監計画」）。

真珠湾攻撃のニュースを聞いた作家伊藤整は日記に、「我々は白人の第一級者と戦う外、世界一流人の自覚に立てない宿命を持つてゐる」（『太平洋戦争日記（一）』新潮社）と書いた。

７　スターク作戦部長による対日戦計画

１９３９年６月30日、陸海軍統合会議は従来のオレンジ計画を破棄して、次の５つのレインボー計画を策定した。オレンジ（対日作戦）とか、ブラック（対独作戦）の単色が７色の虹（レインボー）に変わったのは、一国相手の単独作戦計画でなく、複数国相手の複数作戦計画という意味を含めたからだ。１９０４年に策定され、その後、何度も検討が重ねられてきた日本一国を相手にするオレンジ計画が米国の世界戦略に組み入れられたということだ。

レインボー計画（1）：南緯10度以北の南北アメリカ大陸周辺防衛計画。ドイツがブラジル北部に基地を作ることを予想しての計画。

レインボー計画（2）：英仏と共同して西太平洋で日本と戦う計画。米国は欧州ではなく、西太平洋方面に勢力を集中する計画。

レインボー計画（3）：米単独で西太平洋において対日戦を行う計画。旧オレンジ計画とほぼ同じ。

レインボー計画（4）：南緯10度以南も含めて南北アメリカ大陸周辺防衛計画。東太平洋方面での艦隊行動も含む。

レインボー計画（5）：独伊に対して大西洋、欧州大陸、アフリカ大陸で英仏と共同をとる計画。

英国との共同戦略を確認するためには、英米間の軍事責任者の意見交換の場が必要である。スターク作戦部長はノックス長官に米英参謀長会議の開催を進言した。ノックスは1940年11月29日の閣議で、米英参謀長会議開催についてルーズベルトの意向を確かめたところ、ルーズベルトは反対しなかったので実施することになった。そしてスタークが中心となって合衆国国防方針案が作られた。これは、独伊日と同時に戦争になった場合に次の4つの選択肢をあげていた。

（A）西半球（南北アメリカ大陸周辺）の防衛に集中しつつ、英国を助け、英国が極東に軍事力を補強できるようはかる。

（Ｂ）英国、オランダと共同して全力をあげて日本を攻撃する。ドイツに対しては防衛的となる。

（Ｃ）全力をあげて日独にあたる。

（Ｄ）太平洋方面は防衛的戦略、大西洋方面は攻撃的戦略をとる。

スタークはこの４つの選択肢のうち、（Ｄ）案を採るべしと考えた。理由は次の３点だった。①米国防衛には同盟軍として英国が生き残ることが必要であり、②ドイツは英国と西半球への脅威であるから、米国にとってドイツは最大の危険である、③米国の太平洋方面の利害は重要であるものの、米本土安全にとって死活問題ではない。

まずドイツを叩くという考えだ。スターク案はドッグ・プランと俗称された。

陸海軍統合会議は１９４０年12月、まず（Ａ）案で進め、戦争となれば（Ｄ）案を採ることを了承した。

8　統合参謀長会議の創設

近代戦では、陸海軍共同戦術が不可欠であって、戦略的にも陸海軍作戦の統合が必要となる。１８９８年、米国はハワイ王国を海兵隊の力で潰して自国植民地とすると共に、同じ年に米西戦争によってフィリピン、グアムを植民地として持つこととなった。この植民地防衛には、陸海軍の共同作戦が不可欠で、陸海軍の調整機関が必要となった。

1903年、「陸海軍協力のために必要な、あらゆる問題に関する共通の結論に到達するための討議の場」として、陸海軍長官への諮問機関である統合会議（Joint Army-Navy Board）が創設された。議長には、米西戦争時の「マニラ湾の英雄」デューイ海軍大将が任命された。デューイの声望にもかかわらず、フィリピンの米軍基地をどこに置くかで意見がまとまらず、1908年に統合会議は事実上解散した。機能が発揮できなかったのは、①権限がはっきりしていなかったこと、②陸海軍のメンバー各4人が本務の仕事に忙しく、統合会議に出席する時間がとれないこと、③直属の参謀や書記官がいなかったことであった。

第一次大戦後の1919年、ベーカー陸軍長官、ダニエルズ海軍長官の合意で統合会議は次のように改編された。

①メンバーを8人から6人に減らし、メンバーは人でなく、ポストによって決める。

②会合を毎月一回欠かさない。

③統合会議の下に統合計画委員を創設し、実務参謀を6名置くと共に、書記官も置く。

その後、統合会議の下に統合経済会議、統合軍需品会議、航空会議が設けられ、陸海軍の軍需品関係や航空関係の調整機関の役割も担った。

ルーズベルトは、それまで陸海軍長官の諮問機関であった統合会議を第二次大戦の始まった1939年に大統領の直接補佐機関統合参謀長会議として、実質的統合参謀本部（Joint Chiefs of Staff）にし、軍事作戦を直接指導出来るようにした。これは、法制化したわけでも大統領令で創設したのでもなかった。軍の影響力増大を嫌う議会に諮っても、このような組織の法制化は難しく、大統領令で明確化すれば反発される恐れがあった。だから、大統領の意向ないし指示の形で実質的統合参謀本部を作ったのである。

統合参謀長会議は、第二次大戦中の陸海軍の統合指導に効果を発揮した。法律によって正式に認められ統合参謀本部になったのは戦後の１９４７年、トルーマン大統領の時代である。この時、空軍が独立し、三軍を統括する国防省と中央情報局（ＣＩＡ）が創設された。

言うまでもなく、日米戦争は主として海軍の戦争だった。ルーズベルトは海軍関係については誰よりも知悉しているとの自信があり、米海軍に対して独裁者として臨んだ。

日米戦争と米海軍を語る場合、海軍制服組トップのキングを抜きに考えることは出来ない。ルーズベルトとチャーチルの度重なる会合にも、キングがしばしば登場し、欧州方面重視の英国側戦略に対して、キングが太平洋方面を主とした対日戦重視戦略を強硬に主張する場面が出てくる。後の第8章でキング提督主導の対日戦戦略に言及し、フランクリン・ルーズベルトの対日戦理解の一助としたい。

統合参謀長会議の最初のメンバーは海軍側２人（スターク、キング）、陸軍側２人（マーシャル参謀総長、アーノルド陸軍航空隊司令官）の４人だったが、１９４２年３月、真珠湾奇襲の責任を取る形でスタークが更迭され、英国派遣米艦隊司令官としてロンドン駐在となったため３人となった。

マーシャル参謀総長はこの会議に議長を設け、議長を大統領との窓口にすれば、大統領と統合参謀長会議の関係がより緊密となり、事務処理スピードも速くなると考えた。マーシャルが考えたのは、スタークの前任者リーヒだった。リーヒは海軍作戦部長を退いた後、プエルトリコ総督となり、この時点ではドイツ占領下フランス（ビシー政権）駐在の米国大使だった。ルーズベルト閥の代表的人物リーヒは、海軍最高ポストや外交官としての経歴もある。性格は冷静で協調性もあり、スマート。知的とはいえないが、常識に富んだ人物だった。

9　米英軍首脳による連合参謀長会議創設

米英軍首脳会議は、１９４１年1月29日から3月29日にかけワシントンで極秘裏に開催された。欧州での戦争に米国が巻き込まれるのを恐れたため、共同宣言的なものは発表されなかった。この米英軍首脳会議は、米英の対日戦開始とそれに伴う米国の対独戦開始によって、両国参謀長による連合参謀長会議（CCS: Combined Chief of Staff　両国の統合参謀長会議を合体したもの）創設となり、第二次大戦の軍事戦略をリードすることとなる。

連合参謀長会議は第二次大戦中の連合軍戦略樹立と指揮に大きな力となった、とチャーチルは『第二次大戦回顧録』で特筆している。米英軍首脳会議は、ＡＢＣ－１（American British Conversation-1）で知られるドイツ攻略を第一とする戦略を策定し、ドッグ・プランが米英の参謀長間で合意された。

この戦略に対して、ルーズベルトは何も反応しなかったが、スチムソン、ノックスは了承した。国内の反戦運動に注意を払い、ルーズベルトは明快な決断を下さなかったのだ。ＡＢＣ－１をもとに、①ドイツ打倒が第一、②太平洋方面では防衛戦略、③大西洋方面では攻撃戦略、をスタークは米海軍戦略として採用し、１９４１年５月、各艦隊司令官に通知した。これは、１９４１年12月の日本軍の真珠湾奇襲による戦争突入以降の米国の戦略の基本となった。

真珠湾奇襲後、直ちに米英首脳会談がワシントンで開かれた。アーカディアとの暗号名の第１回米英巨頭会談は、１９４２年１月14日に終った。

会談の成果は、①まず、ドイツを叩くというＡＢＣ－１と、その具体策であるレインボー計画（５）が正式に認められたこと、②第二次大戦の戦略方向をコントロールする連合参謀長会議が創設されたことだ。

スターク

連合参謀長会議の英側カウンター・パートナーとして、米軍には英軍のような独立した空軍がなかったので陸軍航空隊司令官のヘンリー・アーノルドがメンバーになった。なお、この時点で米海軍を代表する者はスターク海軍作戦部長かキング合衆国艦隊長官か、決まっていなかった。キングに合衆国艦隊長官と海軍作戦部長を兼務させて問題点の解決を図ったのがルーズベルトである。

対独日開戦直後の巨頭会議であるアーカディア会議での最大の成果は、前述したように連合参謀長会議創設だった。英国から派遣されたディル前陸軍参謀総長を長とする高級士官が事務局のあるワシントンに常駐し、米国関係者と密度の高い会合の交渉役になった。その後、カサブランカ、ワシントン、ケベック、テヘラン、カイロ、マルタ、ヤルタでの連合国巨頭会談の際にも連合参謀長会議は開催され、大戦中、２００回に及ぶ会合を持った。この会議は早朝に開催され、大体、午後に合意に達した。そうでない場合は、夜に及ぶこともあった。鋭い対立もあったが、熱気ある討議が行われ、言葉が共通しているのは都合がよかった。鋭い対立で雰囲気が険悪になるのは、米国海軍側代表キングが英軍やチャーチルの戦略に直截的に反対する時だった。チャーチルは米陸軍のマーシャル参謀総長を「勝利の組織者（Organizer of Victory)」と激賞したが、キングについては「トラブルメーカー」と酷評している。検討された結果はルーズベルトとチャーチルに届けられる。連合参謀長会議は、実質的な最高戦争指導機関となった。

第8章

❖

第二次大戦
キング元帥と対日戦略

1　スタークを更迭しキングが作戦部長に就任

スタークの前の海軍作戦部長でルーズベルトから信頼の篤いリーヒは真珠湾奇襲直後、ルーズベルトに対して、海軍トップ候補にアナポリスで同期のハート（1897年級）、キング（1901年級：日本海軍の米内光政と同年卒業）、ニミッツ（1905年級：日本海軍の豊田貞次郎、豊田副武と同年卒業）の3人を推挙し、3人のうちハートを最も安心できる人物として推していた。アナポリス時代より級友ハートの私心の無さ、級友からの信望、剛直さをリーヒは高く評価していたのだ。

しかし、ルーズベルトはハートの剛直さを嫌った。ハートが少佐の魚雷工場長時代、選挙票を狙って労働組合に甘い対応をするルーズベルト海軍次官に疑問を呈したことが逆鱗に触れたことがある。ルーズベルトは、知らない者には冷淡で、自分の考えに反対や疑問を呈した者を長く忘れない執念深いところがあった。その後、次期合衆国艦隊長官に提督達が一致してハートを推していることを確かめたリチャードソン航海局長は、人事案を携えホワイトハウスに出向いた。その案を見たルーズベルト大統領は、怒気を含んで「この名前を消せ！」と命じた。これはリチャードソンの回顧にある。ルーズベルトの性格として、何年も前であっても、自分のやり方に疑問をもったハートが許せなかったのだ。

ノックス海軍長官はキングを推挙した。キングが大西洋艦隊長官になる前の海軍将官会議メンバー時代、その頑健な体力と職務への精励振りに舌を巻いていたことが理由だった。ルーズベルトとしては、信任厚いリーヒ海軍大将の推薦（ハート、キング、ニミッツ）やノックス海軍長官の推薦（キング）を参考にして、キングを合衆国艦隊長官に、ニミッツを太平洋艦隊長官に据えたと思われる。ハートを採らなかったのは上述の理由があったからだ。

キングとニミッツは共に、リーヒ、キンメル、スタークのように、若い頃からルーズベルトから眷顧を受けた、いわゆるルーズベルト閥に属する者ではなかったが、キングを米海軍のトップに据えたのは、大戦時の人事としてベストだった。

キングは、人間関係処理が不得意の上、大酒飲み、無類の女好き、といった問題は多かったが、太平洋、大西洋に跨る大海軍戦争を指揮する海軍トップとしては、これ以上の人はいなかった。まず第一に、頭脳の冴えた戦略家である。第二次大戦の米戦略を彼ほど明快に示した人を筆者は知らない。そして彼の戦略通り戦局は推移した。第二に強力な意思と頑健な体力の持主である。第三に、彼が水上艦勤務に続いて、参謀勤務、潜水艦関係、航空艦隊関係の経歴が長いことだ。第二次大戦の主力となった潜水艦、空母、空母艦隊に経験と見識が深かった。

事は急を要する。その後、間を置かずにスターク海軍作戦部長を更迭し、キングに合衆国艦隊長官と海軍作戦部長を兼務させたのは、平時ならばスタークでも何とか持つが、戦時海軍のトップとしての力量をルーズベルトは疑問視し

キング

ていたのではないだろうか。国務長官を歴任し、陸軍長官は二度目の長老スチムソンは遠慮なく「あの立場にある者としては、気が小さすぎる」と酷評していた。スチムソンの評はルーズベルトやノックスの耳にも入っていたのだろう。

海軍長官としてノックスは首席補佐官たる作戦部長スタークに接することが多く、スタークの器量に慊《あきた》らないものがあったのではなかろうか。ルーズベルトは常時、座右に海軍士官名簿を置き、噂や感想を書き込んでいたから、高級士官については誰より知悉しているとの自信を持っていた。キングやニミッツについても、それなりの前知識があったろうことは容易に想像し得る。

2　合衆国艦隊長官と海軍作戦部長を兼務

真珠湾が奇襲された１９４１年12月７日（ワシントン時間）、大西洋艦隊旗艦オーガスタに乗艦していたキング長官は７時に起床。朝食後正午まで自室で執務。昼食は参謀長と共に済ませ、いつものように暫時の午睡をとった。真珠湾が奇襲されたとの通信連絡が旗艦司令部に届き、参謀長が司令官室に入って手渡したが、キングは無言だった。

翌８日、海軍省に出頭せよとの電話があり、午後、ロードアイランド州キングストン駅からワシントン行きの急行に乗った。夕刻７時ワシントン着。その夜は自宅に泊まり、翌９日、ホワイトハウスでルーズベルトと会う。それから４日間ワシントンに滞在して、オーガスタに帰艦。12月15日、夜行列車で再びワシントンに向かい、翌日海軍省で、真珠湾視察から帰ったばかりのノックス長官と会った。

ノックスは大統領が二つの決心をしたと伝えた。一つは太平洋艦隊長官キンメルの更迭とニミッツの任命、もう一つは合衆国艦隊長官にキングの任命だった。合衆国艦隊はこの年１月にルーズベルトの命により廃止されていたが、これを復活させたのだ。合衆国艦隊長官には先任のスターク現作戦部長がなるのが筋ではないか、とキングは言ったが、ノックス長官は「君がやれ」と命じた。それならば、とキングは二つの問題点を解決すべきだと自分の考えを述べた。まず、合衆国艦隊長官は従来海上にいるものだとされてきたが、事態が変わり太平洋と大西洋の両艦隊を指揮する必要が生じている。ホワイトハウス、海軍省に近いところから指揮すべきだ。もう一つは、ワシントンに司令部を置くとすれば、海軍作戦部長との関係が問題となる。海軍作戦部（CNO: Chief of Naval Operations）は１９１５年の創設。第４章で記述したように、議会や当時の海軍長官ダニエルズは、海軍作戦部がドイツ参謀本部のように強い力を持つのを嫌い、権限を抽象・曖昧にして、あえて明確にしていなかった。

この日の午後、キング、ノックス、スタークはホワイトハウスでルーズベルトに会った。大統領にキングは次の３点を要望した。

①合衆国艦隊長官（Commander in Chief, US Fleet）の略称は CINCUS だったが sink us（我々を沈めよ）に通じてよくない。COMINCH とすべきだ。

②新聞記者会見や議会工作はやりたくない。
③海軍省各部局への指揮命令権を与えて欲しい。各部局は100年以上も独立王国的存在である。

ルーズベルトは①と②は了承した。③に関しては、法律の改正が必要で、議会は現在の海軍省システムの変更を望んでおらず、ルーズベルト自身も現状でよいと考えていた。このため、キングに協力しない部局長の更迭を約束した。

合衆国艦隊長官と海軍作戦部長の任務に関して、その任務を明確にするため、キングは将官会議メンバーのセクストン少将とリチャードソン少将（太平洋艦隊長官時は大将だが、そのポストを離れると少将になる。米海軍では当時恒久的最高階級は少将で、就くポストによって、中将とか大将になる制度を取っていた）にその職務記述案の作成を依頼した。セクストン・リチャードソン案は12月17日、若干の修正が加えられ、次のような内容の大統領命令8984号として公布された。

①合衆国艦隊長官は全艦隊を指揮する。
②合衆国艦隊長官は大統領に直属する。海軍長官から全般的指示は受けるが、あくまでも大統領の直接指揮下にある。
③海軍作戦部長は海軍長官に属し、長期的戦争計画を担当する。合衆国艦隊長官は短期的戦争計画に携わる。
④合衆国艦隊は次の幕僚部門を持つ。○参謀長、○情報部、○作戦部、○通信部、○教育

部、○副官部。

⑤ 合衆国艦隊司令官の主要オフィスは海軍省内に置く。

この大統領令でも、まだ不明な点もあった。大統領への海軍側参謀長の役目をするのは合衆国艦隊長官なのか海軍作戦部長なのか。また、双方の職務の内容が重複する点もある。二つの職務をキング一人に兼務させることにより、問題点の解決を図ろうとルーズベルトは考え、１９４２年３月、スタークを更迭し、欧州派遣米艦隊司令官としてロンドンに送った。これには、スタークに真珠湾奇襲の責任をとらせる意味も含まれていた。

キングが合衆国艦隊長官に任命されたのが１９４１年12月20日。翌年の１９４２年３月26日に海軍作戦部長を兼務した。海軍作戦部次長はホーン中将で、議会工作や後方補給関連の仕事を捌くこととなった。

３　合衆国艦隊司令部

キングは司令部づくりを一から始めなくてはならなかった。参謀長にはアナポリスの兵学校校長のラッセル・ウィルソンを指名し、参謀副長には大西洋艦隊潜水艦艦隊司令官リチャード・Ｓ・エドワーズ少将を充てることにした。エドワーズの平凡な常識のセンスを日頃からキングは評価していたのだ。先任参謀（Chief Planning Officer）には長らく戦争計画部にいて「サビー（知恵者）」のニックネームのあった太平洋艦隊旗艦ペンシルバニア艦長チャールス・M・クック大佐を選んだ。クックは戦艦艦長として一国一城の主の自分が、なぜワシントンの御殿女中のような仕事をせねばならぬか、と固辞したものの、キングの再三の要請に断りきれなくなり、１９４２年６月からキングの先任参謀になった。

その後、キングとウィルソン参謀長の間が気まずくなった。慎重なウィルソンが考え抜いて作った案を、キングがＮＯと走り書きして返してくる。このようなことが続きウィルソンの精神的重圧となり、健康にも響くようになった。このため、ウィルソンは１９４２年８月、参謀長の激務を辞し、統合参謀長会議下の統合戦略調査委員会委員長に移った。後任にはエドワーズ参謀副長が昇格した。

海軍作戦部を直接的に指揮したい気持があるものの、キングには時間がなかった。時間の３分の２は統合参謀長会議と連合参謀長会議関連に費やし、残り３分の１は合衆国艦隊関連に注いだので、海軍作戦部関係に割ける時間は少なかった。そのうえ、ホーン海軍作戦部次長とは反りが合わなかった。

コンスティテューション通りに面した海軍省ビルはメインネービーと俗称され、この建物の３階の一室がキングの執務室となった。大きな机が一つ。応接セットもなければ、小会議用のセットもない。壁には絵も飾っていない。幕僚と直接コンタクトをとることは少なく、エドワーズとクックが執務室に入って、指示を仰いだり報告したりする。机の横にはこの二人用の椅子がある。

簡潔を旨とせよ、とのキングの信条は昔からのもので、部下からの報告書は必ず用紙一枚に収めさせた。一枚を超えるものは、直ちに屑箱に投げ込まれた。もっとも、机の上がきれいなことは少なく、いつも書類やメモで乱雑だったし、未決済の書類が決裁箱に溢れていた。

エドワーズはぶっきらぼうだが率直な性格で、幕僚間の信望が厚く、よく相談に乗ってやり、幕僚間にトラブルがあれば進んで出向いてその解決に自らあたった。キングはエドワーズを便利屋だとからかった。クックは華奢な身体で知力が溢れ、キングの期待も大きかった。

１９４２年11月23日で停年の満64歳になるキングは、その１ヵ月前にルーズベルトに「１ヵ月後の11月23日に小官は64歳に達するという事実を閣下にお伝えすべきと考えます」という書信を提出した。

ルーズベルトはこう返した。

「Ｅ・Ｊ・Ｋへ。それがどうしたのかね。（海軍の）オールド・トップ君。私は貴官に誕生日プレゼントを贈ることができる。Ｆ・Ｄ・Ｒより」。

海軍の停年に関係なく、ルーズベルトは自分を使っていく意思をキングは知った。

ちなみに、太平洋戦争が終盤に入った１９４４年９月、合衆国艦隊副長官と海軍作戦部副部長（次長の上）を置き、エドワーズ参謀長を任命する案をキングはノックス長官に提出した。ノックスは合意してルーズベルトの意向を尋ねて了承を得、10月１日からこの体制となった。エドワーズの後任は先任参謀クックが昇格した。実質的にホーン次長を格下げして、キングは海軍作戦部への影響力を強めたのである。

4　キングの対日戦初期戦略

キングは、開戦翌年の１９４２年3月5日、太平洋方面において米国が採るべき戦略に関して12項目に及ぶメモをルーズベルトに提出した。それは次のような内容で、対日戦初期のキングの考えをよく表している。

（１）主要な同盟国は英国とソ連であり、これら同盟国への米国の最大の貢献は武器弾薬の援助である。

（２）連合国への武器弾薬の供給国は米英であり、マンパワーの供給国は中国、ソ連、米国である。

（３）豪州とニュージーランドは白人国であり、有色人種間の反響を考えれば、両国が日本に占領されることは避けねばならぬ。

（４）我々の重大関心は、ハワイ・米西海岸間の連絡線確保であり、また、ハワイ・ミッドウェー間の連絡線を奪われぬことだ。

（５）次に注意すべきは豪州確保であり、このためには、ハワイ・豪州間の連絡線の確保が不可欠となり、サモア、フィジー、ニューカレドニアに強力な基地を作る必要がある。

（６）これらの強力基地ができれば、ここから現在日本が占領しているソロモン群島やビスマルク群島へのステップ・バイ・ステップの進攻ができる。

（７）結論として、当面の太平洋方面での軍事的配慮は次の３点に絞るべきである。①ハワイの確保、②豪州への援助、③豪州東部のニューヘブリデス諸島より北西方向への進出。

キングは対日戦の段階を４段階に考えていた。ボクシングに例えると、①防衛一方の段階、②防衛しながら、カウンターパンチを狙う段階、③一方の腕で相手の攻撃をブロックしながら、一方の腕で相手をヒットする段階、④両手でヒットし始める段階。

これは、１９４２年11月30日、信頼している新聞記者に説明したもので、対日戦を４段階に分けるのはオレンジ計画以来の伝統的なものである。

対日戦が峠を越えた１９４４年４月に、キングはノックス長官への報告書の中で４段階を次のようにまとめている。

（１）防御段階。自軍の通信線ならびに自国海岸線を敵の攻撃から守る段階。

（２）防御・攻撃段階。自軍の作戦は主として防御的であるが、ある種の攻撃方法もとることが出来る段階。

（３）攻撃・防御段階。作戦の主導権は自軍が持つようになるが、まだまだ防御せねばならぬところもある段階。

（４）攻撃段階。自軍の前進基地が敵に脅かされることはなくなり、自軍の選定で敵への攻撃が出来るようになった段階。

5　日本海軍の対米戦初期戦略

キングの対日戦初期戦略は以上のようなものだったが、日本海軍の作戦・戦略を担当する軍令部は対米戦初期段階をどのように考えていたのだろうか。

開戦時、軍令部作戦課長だった富岡定俊大佐によれば、次のように考えていた。

軍令部は対米戦に関して、相手を無条件降伏に追い込む無限戦争ではなく、戦局の推移から、双方一定の条件下で講和を結ぶ有限戦争と考えた。そのため、米国を全面的に屈服させることはできないが、日本としては艦隊決戦に勝利を収めるか、局地戦で勝利を重ねることにより、不敗の態勢を固め、世界情勢も睨めながら、然るべき条件で米国との戦争を終結せしめるとの考えである。西進してくる米艦隊を小笠原沖に迎えて決戦し、たとえ相撃ちになっても、米艦隊は米本土に帰って2年間は動けないだろう。その間に外交交渉などで、講和まで持ち込むというものである。

かかる戦略のもとで、具体的には初期作戦を次の二段階に分けて考えた。

第一段階は、戦争遂行、産業稼働に必要な南方地域の石油、コメ、鉄鉱石、石炭、ボーキサイト、ゴム等を確保するための第一段作戦。第二段作戦は、これらの地域の防衛線を構築するため、ニューギニア、ソロモン、ビルマに至る作戦で、ニューギニアとソロモンを押さえ、豪州と米国の交通線を遮断し、ビルマを英国圏から脱落させ、米英による蒋介石援助ルートを押さえることだった。

米国の巨大な工業力は時間の経緯とともに厖大な戦力となって現れてくるだろう。しかし、これらの戦力の中心となる艦船も飛行機も、米本土やハワイにいる限り心配はない。ことに、飛行機は戦力を充分発揮できる基地に展開しなければ戦力を発揮できない。

アリューシャン方面からの米軍進攻は、天候の面から冬季には活動できず、作戦期間は制限を受けるし、米本土からの補給線は長くて細い。米国の巨大な戦力が豪州に展開して、ここから北進してくることは最も恐れることだ。どうしても、豪州は早く脱落させるか、米国との間を遮断するしかない。

陸軍に話すと、豪州を占領するには５、６個師団を要し、陸軍は北のソ連に備えているので、それはできぬという。このまま、ずるずると２年経ち、米軍が飛行機を注ぎこんで豪州をフルに使い始めたら、日本は、その物量に対抗できなくなろう。豪州ばかりは海軍でどうすることもできない。やむを得ず、米豪間連絡線を遮断するため、ガダルカナルとニューギニアのポートモレスビーに出ることにした。

ここで軍令部と連合艦隊との間に戦略思想の食い違いが出た。連合艦隊は、ミッドウェーを押さえないと日本本土が米機動部隊からの奇襲を受ける恐れがあるので、まずミッドウェーを確保したいと言い、軍令部は豪州作戦が不可欠と主張する。この意見対立に永野軍令部総長と山本長官のトップが互いに意見を開陳し合うことはなかった。意見が一致しないため、まずミッドウェーをやり、それが済んだら豪州遮断作戦をやることになった。軍令部富岡定俊作戦課長や連合艦隊黒島亀人先任参謀ら幕僚間の調整でこのようになった。キングが何事も戦略決定する米海軍と、幕僚間で意見を擦り合わせる日本海軍の相違であった。

日本海軍はミッドウェー海戦で虎の子の空母4隻と、連戦練磨のベテラン搭乗員を失い、米豪遮断作戦の戦力が激減し、軍令部の考えは挫折した。以降、日本側主導の作戦は実質的に難しくなっていった。

6 キングの対日戦中期戦略

1943年5月21日、英軍首脳を前にキングは「太平洋と極東における作戦」と題して講演した。要約すると次のような内容だった。

（1）米海軍は、過去30年から40年かけて対日戦戦略を練ってきた。だから、今から述べることは自分の新奇な独創戦略ではなく、海軍大学校や海軍省の選り抜き頭脳が考え抜いて作り出したものである。

（2）対日戦で大事なことは、①日本の海上交通線を切断すること、②フィリピンの奪回である。

（3）上記②のためには、ハワイ—中部太平洋—フィリピンの攻略経路が最善である。アリューシャン方面よりの北方コース、豪州・ニューギニア方面よりの南方コースはあるが、中部太平洋コースが一番望ましい。アリューシャン方面は重要でない。アラスカ半島の付け根近くのコディアク島周辺が占領されない限り、アラスカや北米への危険は少ない。北部太平洋から千島列島、日本本土への進路は厳しい天候を考えると利点は少ない。

(４）上記（２）、（３）のためには、マリアナ群島攻略と日本艦隊撃破が必要となる。１９４３年５月時点では、ラバウル、トラック（カロリン群島）、マリアナの攻撃が目標である。マリアナを攻略すれば、日本とカロリン群島の海上交通線が断ち切られ、日本艦隊も出撃してくるだろう。

(５）対日戦は、①封鎖、②爆撃、③上陸作戦の統合で日本艦船、航空機、人員を失わせ、日本の消耗を強制して最終的に打ち破る。

(６）次の３点に関する日本人の考えがわからない。

①ソ連領沿海州から長距離爆撃機による日本爆撃が可能だから、日本にとっては脅威だ。ソ連は対独戦に手一杯だ。なぜ日本は沿海州を取って防衛線を確保しないのか。これはドイツを助け、日本自身の安全確保になるのに。②日本はなぜ、中国戦線集結を図らないのか。蒋介石軍に大攻勢をしかけて屈服させ、陸軍の大兵力を太平洋方面での攻撃と防衛用兵力として活用することをなぜ考えないのか。③なぜ、日本の潜水艦は米商船を狙わないのか。

以上の①に関して、日ソ中立条約が有効な間は、ソ連を刺激したくないというのが日本の基本方針だった。日本陸軍は米陸軍を弱いと考えていたが、ソ連陸軍は侮りがたいと思っていたこともある。②に関しては、それをやりたいのはやまやまでも、日本の国力を超える恐れが強かった。③に関しては、キングのいう通りだった。日本海軍の潜水艦戦略は敵主力艦を狙うことにあり、無腰の輸送船を狙う戦略を考えたことはない。実際に1万トン級重巡洋艦を沈めるのと、兵員2000人・武器・重火器・戦車・車両・部品・弾薬・燃料・医薬品といった軍需品を満載した1万トン級輸送船を沈めるとでは、敵は輸送船を沈められるほうが痛い。陸軍1個連隊が一瞬にして海没するからだ。それから、高速重装備の重巡洋艦を攻撃するのは困難で、自分がやられる公算が大きい。低速、無武装の輸送船を狙うのがずっとやさしい。日本海軍にはドイツのUボート戦略のようなものが皆無だった。

キングはドイツ第一、日本第二の戦略に対して、強く反対はしなかったが、太平洋方面の日本軍の進攻は、時と場所を選ばぬもので、放っておくと、それだけ、米側が反撃に転じた場合に多大の犠牲を払わなければならぬ、と憂慮した。欧州方面に手一杯で戦局に余裕のない英側は、キングの太平洋方面を軽視するな、との強い主張に鼻白むことが多かった。

1943年5月の米英巨頭会議（暗号名トライデント会議）の10ヵ月前、ワシントン駐在英代表ディルはチャーチルに、「キングにとって戦争とは（欧州方面の戦争よりも）対日戦のことだ」と書き送っている。

7　中部太平洋進攻かフィリピン進攻か

１９４４年１月27日と28日、ニミッツ、マッカーサー、ハルゼーの幕僚が真珠湾で会合した。この会合でマッカーサーの南西太平洋軍参謀長サザランドは、南西太平洋方面に戦力を集結してフィリピンを攻略するのが支那大陸への最短であるとのマッカーサーの考えを説明した。ニミッツの作戦参謀シャーマン大佐は、マリアナ攻略には大きな犠牲が考えられ、得られるのはあまり役にも立たない港だけだと発言。参加者のほぼ全員がニューギニアとパラオ（カロリン群島の一部）経由の前進に賛成した。これは、中部太平洋を一直線に西進するキング戦略とは異なるものだった。

ニミッツはシャーマン参謀にワシントンへ行き、この会合参加者の意見をキングに伝えるよう命じた。会議議事録を読んだキングは怒って、ニミッツに次のような書信を送った。

「南西太平洋への戦力集中論や、この論の可能性を認める者は、日本を占領するかどうか、それはいつか、マリアナとカロリンを活用するかどうか、戦争をいつ集結させるかについて責任を持った意見を言っていない。南西太平洋論者でも、西太平洋への我々の通信線を脅かすトゲ（マリアナとカロリン）はいつか取り除かねばならぬのを認めると思う。換言すれば、いずれ、時間と兵力を使ってこの仕事をやらなければならぬものだ。ニューギニア海岸、ハルマヘラ、ミンダナオを経由して日本軍をルソンまで追い上げることを考え、フィリピンへ向かう中部太平洋連絡線確立を除外するのは馬鹿げている。この考えは連合参謀長会議の決定とも一致していない」。

参謀長サザランドから自案が了承されそうだとの電報を受け取ったマッカーサーは、自案をフォローするためマーシャルに打電した。

「対日進攻戦略は南西太平洋からの作戦一本に絞るべきである。連合参謀長会議で認められているとしても、戦力を二分しての進攻は日本屈服を6ヵ月送らせることとなろう。マリアナ、カロリンの占領ないし無力化は主要戦略目的を得ることにはならず、これら島々の港や飛行場はフィリピン作戦に有効でない」。

このマッカーサーの打電は、太平洋方面の全戦力を自分の指揮下に持ってくることが最短時間で日本を屈服させる唯一の道である、との内容だった。キングはマーシャルに書信を送って、中部太平洋よりの進攻、ニューギニア方面からの北上はカイロでの連合参謀長会議決定であり、マッカーサーに「命令に従え」と伝えるべきだとした。

将来作戦に関して統合参謀長会議で協議を重ねるためサザランドはワシントンに呼ばれた。協議は2月から3月にかけて続き、キングはニミッツにワシントンに来るよう伝える。来たるべき戦いに関して、統合参謀長会議の見解を一致させる必要があると考えたからだ。

キングのマリアナ重視案には、海軍内部でも次のような理由で疑問視する向きもあった。

○マリアナ群島の港は、大艦隊の泊地としては不適。

○マリアナはフィリピン、台湾、中国本土への直接ルートではない。

○マリアナはＢ－29の基地として使えるだけだ。陸軍航空隊のために海軍の血を流すのはどうか。

スプルーアンス第５艦隊司令官の参謀長ムーア大佐は、カロリン群島の中央にあるトラックやマリアナ群島占領には反対し、自分の考えを長文の覚書にしてスプルーアンスに提出した。日本海軍の主要根拠地トラックは米軍にとっても戦略的価値はない。またトラックは米軍の脅威となっていないし、日本軍もここを中枢海軍基地として使用する意向を持っていないのは明らかで、守備隊によって厳重に防備されているから、上陸作戦には多くの損害が予想される。日本軍にとって、トラックの保持は、守備隊への食糧その他の物資輸送で、むしろ負担となろう。日本を屈服させるための最終手段として支那大陸上陸をムーアは考えていた。マリアナ占領は支那大陸上陸の目的達成に寄与しないだろうし、この作戦は軍の兵力と物資を分散してしまう。米英巨頭によるカナダのケベック会談や統合参謀長会議の検討経緯を知らず、結果的にムーアはマッカーサー案を良しとしたのだった。

自分の考えは言わなかったが、スプルーアンスはムーアの覚書をニミッツの下に送ることは反対しなかった。１９４４年3月2日、ニミッツはシャーマン参謀を帯同して真珠湾を出発、ワシントンに向かい、キングとの会談用に有力な意見と考えるムーアの覚書を持参した。マッカーサーもワシントンに招かれたが、自軍が行動中に司令部を離れることはできないと欠席を伝えた。もし、マッカーサーが統合参謀長会議に出席していれば、雄弁と迫力で、自案を通していたかも知れない。マーシャルにとっても、アーノルド陸軍航空隊司令官にとっても、マッカーサーは大先輩だ。自分が田舎の中佐連隊長時代、マッカーサーは参謀総長（大将）だったが、いまは参謀総長としてマッカーサーを指揮する立場にあるのがマーシャルだ。

3月11日、リーヒ、キング、ニミッツはホワイトハウスを訪れ、ルーズベルトに太平洋方面での戦略計画を説明した。対日戦をできるだけ早く完了させること、蔣介石軍を対日戦から脱落させぬこと、をルーズベルトは繰り返し主張した。いずれ、太平洋方面に出向かねばならぬとルーズベルトは考えている。モロッコのカサブランカでの米英巨頭会議、カイロ・テヘランでの米英、米英ソ連巨頭会議で二度大西洋を渡ったが、太平洋にはまだ行っていない。

統合参謀長会議は3月11日、12日の両日にわたって開かれた。12日の会議で、アーノルド陸軍航空隊司令官はマリアナ進攻案に賛成した。マリアナがB－29の発進基地として理想的だったからだ。キングとアーノルドの理由は違っていたが、マリアナを取るということでは一致した。統合参謀長会議は次のように結論した。

①マッカーサー軍はラバウルを完全に孤立させ、ニューギニア北部から北上し、１９４４年11月15日ミンダナオ島を占領する。

②ニミッツ軍はカロリン群島の日本軍基地トラックを迂回し、マリアナ南部を6月15日に占領、カロリン群島を孤立化する。マッカーサー軍のミンダナオ島攻略を支援するため、9月15日、カロリン群島のパラオを占領する。

③ニミッツ軍は、１９４５年2月15日、台湾を占領。マッカーサー軍は同日、ルソンを占領する。

④台湾占領後、支那大陸沿岸へ向かう。

以上のような統合参謀長会議の決定に基づき、米軍はマリアナの要衝サイパン島に１９４４年６月15日に上陸を開始し、７月７日に日本軍守備隊は全滅した。このため、東条英機内閣は倒れ小磯国昭内閣となった。

８　ルーズベルト、マッカーサー、ニミッツによるハワイ会談

ノルマンディー上陸作戦の際には、その現場を視察したものの、キングにとってマリアナ方面視察はまだだった。次期作戦についてニミッツと協議することも併せて、ハワイとマリアナ方面に出向くこととした。１９４４年７月11日、ワシントン空港を離陸。カリフォルニア・オークランドから飛行艇に乗り換えて、７月13日真珠湾着。真珠湾では、潜水艦艦隊司令官ロックウッド中将と会い、戦場から帰ったばかりの潜水艦を訪れ、乗組員を激励した。対Ｕボート作戦を第10艦隊司令官として直接指揮したこともあり、潜水艦活動の戦略的重要性を熟知しているキングは潜水艦による日本輸送船攻撃を特に重視していた。

マーシャル群島・エニウエトク環礁を背後基地としてグアム、サイパンを軍需品供給前進基地にすれば、艦隊の前進基地としてかなりなものになる、台湾ないし、日本本土進攻のためにはここが必要だというのがキングの考えだ。陸軍航空隊はマリアナを基地として、Ｂ－29によ

る日本本土攻撃を本格化しようとしていた。

キングとニミッツは飛行艇に乗り、マーシャルのクエゼリンとエニウエトクを視察し、7月17日の早朝、ここから占領直後のサイパンに向かった。6時間の飛行だった。サイパンでは、スプルーアンスとターナー上陸作戦指揮官の意見を聞いた。キングがマリアナの次はどこが目標かと尋ねると、スプルーアンスは沖縄と答えた。また、沖縄攻略の前進基地確保のため硫黄島占領の必要性もキングに伝えた。この夜はスプルーアンスの旗艦インディアナポリスに泊った。

閑話休題　◎サイパン島同胞の悲劇

サイパン島の日本軍守備隊が全滅した当時、後に小説家になる山田風太郎は医学生で東京に下宿していて、その日記の昭和19年（1944年）7月17日に次のように書いた。

「帰ると、下宿のおばさんが『どうやらサイパンが玉砕したらしいですわ。女子供は豪州に送られたっていいますよ』と言う。頭に一撃を受けた思いである。『陸海軍が全然背中合わせなんですって！　ケンカばかりしているんですって！』と下宿のおばさんが腹の底から怒りにたえぬかのごとく叫ぶ」。

（山田風太郎『戦中派虫けら日記』未知谷、1994年）

サイパン島在留邦人の多くは追い詰められてタッピ岬付近まで逃れ、小学生を含む男達は小銃や手榴弾で次々自決。米兵に凌辱されるのを恥じて、女たちも岬の断崖から次々と身を太平洋に投じた。この光景は５００年後までも残るであろう藤田嗣治画伯の名作「サイパン島同胞臣節を全うす」に生々しく描かれていて、見る人の涙を誘う。

サイパン島玉砕により、東条英機首相の戦争指導への鬱積していた不満が爆発し、重臣らの活動で７月22日、東條内閣は倒れた。

キングが真珠湾に帰った翌日の７月21日、ルーズベルトは大統領軍事参謀長リーヒを帯同、サンフランシスコから巡洋艦ボルチモアに座乗してハワイに向かった。サイパンからの帰途、真珠湾で２日間滞在した後、キングはハワイに向かったルーズベルトとは会わず、トンボ帰りでワシントンに帰った。

この年は大統領選挙の年だった。大統領四選を目指すルーズベルトは前線近くのハワイに赴き、陸軍のマッカーサー、海軍のニミッツに会った。戦争を実際に指導しているのは三軍最高指揮官の自分であることを米国民に強く意識づける必要があったのだ。米国民は前線のアイゼンハワーやマッカーサー、それにニミッツやハルゼーは新聞やラジオで聞くので良く知っているが、大統領の帷幄幕僚キングやマーシャルのことはあまり知らない。

７月26日、午後早く、巡洋艦ボルチモアが真珠湾に入った。この日から出発の29日まで、ルーズベルト、ニミッツ、マッカーサーの三者会談が行われた。リーヒも大統領軍事参謀長として臨席した。

ニミッツはキングの台湾進攻説を説明したが、マッカーサーはフィリピン占領の自説を展開し、台湾を解放して蔣介石政府に返還するのを急ぐあまり、1700万人の忠誠なフィリピン人キリスト教徒を見殺しにするのは米国の道義責任を放棄するものだと訴えた。台湾進攻には5～10個師団の陸上兵力が必要で、陸軍の協力が絶対的に必要のうえ、ルーズベルトがフィリピン進攻案に傾いているのを知り、ニミッツは、あえて台湾説に固執しなかった。このハワイ会談で中部太平洋進攻と併せてフィリピン進攻の二つの進攻コースが決まった。

7月29日、ルーズベルトは巡洋艦ボルチモアに座乗して、「これからキングに説明するのが大変だ」と洩らしつつハワイを離れた。

フィリピン進攻が決まったと聞いて、キングは怒った。ニミッツの迎合、妥協的な点をかねてより嫌っていたキングは「人事局出身の奴はどいつもこいつも、いつでも何でも妥協する」と怒りを爆発させたが、大統領が決めたことに逆らうわけにはいかなかった。

閑話休題　◎ルーズベルトの死

第二次大戦終結直前の1945年4月22日、ルーズベルトは脳溢血で死ぬ。ジョージア州ウォームスプリングスの別荘で息を引き取った時、最後を看取ったのは賢夫人の誉れ高いエレノアではなく、大統領の長年の愛人ルーシー・マーサ・ラザフォードだった。彼女はエレノア夫人の秘書時代に大統領と親しくなり、その後も大統領と密会を続けていた。

ルーズベルト死去の報を受けて、朝日新聞は欧米部長福井文雄の署名記事を載せた。

福井はルーズベルトと会った時の印象を「偉大な政治家というより大ボスといった感じで、悪く言えばギャングの親方ねたいな顔つきだった」と正直な実感を書いている。

ルーズベルトの死去で、直ちに副大統領だったトルーマンが大統領に就任した。

閑話休題　◎キングの死

大戦中の長期間の激務はキングの身体を徐々に蝕んでいった。戦後２年目の１９４７年に脳溢血が起こり、頭はしっかりしていたが、書くことも歩行も困難となって海軍病院に入った。以降10年間生ける屍のような状態となって、１９５６年６月25日死去。最後を看取ったのは一人息子のアーネスト・ジュニアだけだった。

第9章

❖

フォレスタル
海軍長官から初代国防長官へ

1　フランクリン・ルーズベルトと同郷

ジェームズ・V・フォレスタルは１８９２年2月15日、ニューヨーク州マテワンで生れた。ハドソン川をニューヨーク市から50マイル溯ると陸軍士官学校所在地のウエストポイントに至り、更に10マイル遡った所がマテワンである。更に10マイル遡ると、フォレスタルより10歳年上のフランクリン・ルーズベルトが生れたハイドパーク村がある。

父はアイルランド移民の大工で建築請負業を営み、窓枠、ドア等の製造販売を行った。南北戦争時にはニューヨーク州第21連隊の陸軍少佐として戦った。母は高校教師で熱心なカトリック信者だった。３人兄弟の末っ子で、繊細な性格の長兄は地方ピアニストとして母と過ごしつつ生涯独身だった。家業は次兄が継いでいる。

米国ではいわゆるワスプ（アングロサクソン系のプロテスタント）が社会上層部を占め、アイルランド系カトリックは蔑視、迫害されたのだが、フォレスタル家は、米国で言うローワー・ミドル・クラスだった。フランクリン・ルーズベルトがニューヨーク州上院議員に立候補した時にはマテワンで選挙第一声の演説を行い、民主党活動家の父のフォレスタル家に何度も泊まっている。

当時の高校は地方の最高学府でフォレスタルのクラスは６人。歴史と英語が得意だった。母はフォレスタルがカトリック僧侶になるのを望んだが、彼はこれを嫌って地方新聞の編集を手伝って大学入学資金を稼いだ。１９１１年、ニューハンプシャー州にあるダートマス大学に入学、１年後にプリンストン大学に編入学した。将来の希望は新聞記者だった。夏休みには地方新聞の編集を手伝い、校内紙『デイリー・プリンストニアン』の記者となり、後には編集長となった。編集長の報酬は経済的に余裕がないフォレスタルにとって有難かった。校内紙編集部には多くの人材が集まっていたが、終生の刎頸《ふんけい》の友となったフェルディナンド・エバーシュタットもその一人だった。

しかし、フォレスタルは卒業間近に突然退学してしまう。理由は定かでないが、フォレスタルを快く思っていなかった英語教授が成績を落第にする恐れがあったため、自尊心の強い彼は自ら進んで退学したのだと言う友人もいた。

２　ウォールストリートの社債を販売

退学後は『ニューヨーク・ワールド』紙の記者になって、ウォールストリートの証券や社債販売業者、銀行家と付き合うことになった。成果によって収入が大きいこともあって社債販売業に転じ、プリンストンの人脈を頼って販売活動に励んだ。

１９１４年に第一次大戦が勃発し、１９１７年４月に米国が参戦すると、フォレスタルは海軍航空隊に入隊しパイロット資格も得たが、戦争が終ると海軍中尉で除隊し、元の仕事に戻った。1923年に共同出資者となって社債販売会社を立ち上げ、1938年には46歳で社長になった。

1939年9月、第二次大戦が勃発する。前の大戦で海軍航空隊を志願したフォレスタルは、今度はワシントンで政府関連の仕事を考えた。ルーズベルト大統領に近い最高裁判事ウィリアム・D・ダグラスは、かつて有価証券売買委員会の委員長としてウォールストリートの改革に当たっていた頃、フォレスタルの協力を得たことが多く、彼をよく知っていた。フォレスタルの希望を聞いたダグラスは直接、ルーズベルト大統領にフォレスタルを推挙した。

どんなに有能との評判でも自分が知らない者に対しては冷淡なのがルーズベルトだった。ルーズベルトは、①自分が育ったハイドパークの人脈、②卒業したグロートン校、ハーバード大学の人脈、③8年間の海軍次官に育んだ海軍人脈、を重視した。フォレスタルは①に該当した。ルーズベルトの最初の選挙では父が応援活動をしているし、選挙中はフォレスタル家にも泊まっている。

ルーズベルトは念のため、信頼している大統領補佐官にフォレスタルの人物調査をさせたところ、大会社の組織を動かすのに巧みで、活動的な精力家だという報告を受けた。

ルーズベルトは縦割りの官僚機構の壁を超えて自分の目と耳となってくれる行政補佐官制度を議会の承認の下に創っていたので、フォレスタルを補佐官に任命した。フォレスタルがホワイトハウス入りしたのは1940年6月29日である。

当時、ルーズベルトは有能な実業人を政府に入れようとしていた。その第一は金融・投資に明るい人で、政府と経済界の仲立ちとなり、軍需生産部門への資金の流れを増やしてくれる人、第二は、軍需生産の効率的運営に力量を有する人物で実業界に顔の広い人だった。フォレスタルのホワイトハウス入りの９日前の６月20日、ルーズベルトは米国史上初めての大統領三選を狙う１９４０年11月の大統領選挙に向けて、挙国一致内閣の名目を付け、政敵共和党内を分裂させるため、共和党大物のスチムソンとノックスを陸海軍長官に任命していた。

陸軍長官になったスチムソンは実業界から次々と人を引き抜き、陸軍の軍需品契約や調達に彼等の才能を発揮させていた。米海軍を「マイネービー」と豪語し、海軍のことなら何でも知っていると自信のあるルーズベルトはさまざまな人材を物色し、結局、１９４０年８月22日、フォレスタルを海軍次官に就任させた。

第一次大戦時に厖大な仕事が海軍省に押し寄せた時、当時次官だったルーズベルトがこれを捌いたように、フォレスタルも第二次大戦中、厖大な仕事に対処した。次官に就任したこの年から、戦争がほぼ終結を迎えた１９４５年６月までに、海軍艦船は１０９９隻から５万７５９隻と50倍になり、将兵も16万人から３３８万人と20倍になった。新造艦だけ見ても、戦艦８隻、空母92隻、巡洋艦35隻、駆逐艦１４８隻、対潜用護衛艦３６５隻、潜水艦１４０隻、上陸用舟艇４万３２５５隻が建造された。

3　陸海軍統合問題に海軍案を策定

第二次大戦中、陸海軍を国防相の下に統一し、陸海軍の作戦機能も一人の参謀総長によって統合しようとする案は陸軍から主唱されていた。陸海軍並列のため、教育訓練、医療、軍需品の調達機能や施設への重複投資、重複経費がかさんで、非効率になっており、両軍が各自バラバラのやり方では統合的に整合の取れた戦略や作戦が出来ないというのが理由である。これには、陸軍航空隊の拡大とその重要性に伴う空軍独立への動きも含まれていた。

陸軍航空隊主導によって空軍が創設されれば、陸上基地を拠り所とする海軍航空隊が空軍に吸収されるかも知れない。それに海兵隊の問題もあった。陸軍首脳部は陸軍機能と類似している海兵隊が海軍に所属しているのを快く思っていない。統合によって、海兵隊が陸軍に吸収される恐れもあった。

陸軍は１８９８年の米西戦争の際、余りに不手際が多かった反省から、セオドア・ルーズベルト大統領内閣のエリフ・ルート陸軍長官の改革によって１９０４年に参謀本部が創設され、参謀総長は作戦遂行に強力な権限を持つようになっていた。海軍作戦部が創設されたのは、陸軍に遅れること11年目の１９１５年である。

マーシャル参謀総長はスチムソン陸軍長官の了承を得て、参謀次長ジョセフ・T・マックナーニーに命じて陸軍案を作成させた。このマックナーニー案は、①国防長官が陸海空軍を指揮し、その主要補佐官として陸海空のそれぞれを担当する３人の次官を置く、②参謀総長を置いて、三軍の戦略計画・軍事予算案の策定に当るとともに、国防長官を補佐して直接三軍を指揮するという内容である。

この案は、１９４４年３月、下院の軍統合問題委員会公聴会に参考案として提出された。その１ヵ月後の４月28日ノックスが死去し、フォレスタルが海軍長官に昇進した。陸軍はこのように三軍統合に積極的だが、海軍は、海兵隊問題や地上基地航空隊問題もあって消極的だった。合衆国艦隊長官兼海軍作戦部長キングも、マーシャルが統合軍参謀総長になりたいのだ、と一笑に付していた。

陸軍案が出ているのに海軍側の公式見解がいつまでも現れないことは許されなくなった。第二次大戦終結直前の１９４５年５月15日、上院海軍委員会委員長デービッド・I・ウォルシから、海軍案を出すよう要請を受けたフォレスタルは、ウォールストリート時代からの親友フェルディナンド・エバーシュタットに海軍案の策定を依頼した。

第二次大戦中、ルーズベルト大統領の指示で創設された戦時国家生産局（War Production Board：WPB）の副議長として、また第一次大戦後に創られた陸海軍軍需局（Army Navy Munition Board: ANMB）の局長だったエバーシュタットはドイツ・ユダヤ系の貿易商の子として生まれ、プリンストン大学ではフォレスタルより２年上、『デイリー・プリンストニアン』編集長としても先輩だったし、ウォールストリートの社債販売会社でも同じように活躍してきた。

陸海軍軍需品の生産、調達、運搬等の調整に関しては、第一次大戦中、ウィルソン大統領が

フォレスタル

戦時産業局（War Industries Board: WIB）を作っていたが、これは戦後廃止され、１９２０年に陸海軍軍需局が恒久的機関として法制化され、実際に創設されたのは１９２２年だった。軍需品の生産・調達に関するマネジメントを学ぶ陸軍産業大学（Army Industrial College）が創設されたのは１９２４年。海軍士官の入学が許されたのは１９３１年からである。

第二次大戦中、ルーズベルト大統領が軍需品関係の統合計画と調整機関として設立したのは戦時経済局（Board of Economic Warfare: BEW）と戦時産業局だった。前者は外国との輸出・輸入政策と戦略物資の調達を扱い、後者は戦時における産業組織、物資の優先順序付けと分配、国内産業総動員化を担当し、社会主義的色彩濃厚なニューディール政策信奉者の巣窟と言われた。戦時経済局（ＢＥＷ）と戦時産業局（ＷＩＢ）は統合調整機関であったが、実務を担当したのは陸海軍軍需局（ＡＮＭＢ）で、１９３９年７月からは、それまでの陸軍次官直属から大統領直轄になった。

陸海軍次官パターソンとフォレスタルの了承のもとに１９４１年８月、ＡＮＭＢを陸海軍の調整機関とし、軍と産業界・製造業界・金融界を結合させる機関とした。主な仕事は陸海軍に跨る鉄、銅、アルミ等の重要金属や重要部品の配分であった。生産の隘路、供給の問題点、陸海軍の利害対立も調整する。エバーシュタットは文民として１９４２年に初めてＡＮＭＢの長に就任するとともにＷＰＢの副議長にもなった。ただ、１９４３年、ＷＰＢに二人いた副議長の一人との間が微妙になってエバーシュタットは辞任している。

陸海軍の統合問題に対する海軍案はフォレスタルとエバーシュタットの二人三脚で出来上っていった。二人は性格的にはかなり違っていて、フォレスタルは注意深く、早急な決断をしないのに対し、エバーシュタットは問題の核心をつかむ能力に長けており、リスクも敢えて辞さない決断と実行の人だった。

フォレスタルは、生産の隘路問題や部局間の縄張り争い、各省間に跨る問題などでどうしようもなくなると、夜間、ニューヨークのエバーシュタットの自宅に電話し、すぐにワシントンに来て相談に乗ってくれと頼むこともよくあった。

エバーシュタットは、１９４５年夏、海軍省等から関係者を集めて陸海軍統合問題に取り組んだ。第二次大戦終結直後の１９４５年９月25日、次のような内容の答申書がフォレスタルに提出された。

①陸海軍省はそのまま存続。

②空軍省の設置。

③統合参謀長会議（Joint Chiefs of Staff）に法律上の裏付けを行う。陸軍参謀総長、海軍作戦部長、陸軍航空隊司令官、それに議長としてのリーヒ海軍元帥の４人メンバーで構成する大統領直属の第二次大戦中の軍事作戦補佐機関が、大統領令とか法律の裏付けなしにルーズベルト大統領の意向のみによって、１９３９年から発足していた。これを法律で裏付けする。

④外交・軍事政策の最高政策検討機関として国家安全保障会議（National Security Council: NSC）を創設し、新しく設置する中央情報局（Central Intelligence Agency: CIA）の上部機関とする

⑤国家資源の総動員対策機関として国家安全資源局（National Security Resources Board: NSRB）の設置。

以上のように、エバーシュタット案は、三軍の統合のみに目を向けた陸軍案に較べて、政治・外交・経済・情報の広い視野から国家安全を考え、そのための国家機関を整備していこうとするものだった。エバーシュタットは民間企業経営者出身らしく、組織の巨大化には不効率を伴うとの考えが強かった。各組織が互いに独立して、自主性を発揮し、大企業の取締役会のような組織が相互間の調整や重要政策の決定を行うべきであり、軍事面だけに限らず、外交面、経済面の国家安全問題を統合しようとしたのだ。真の国家安全は経済の健全さ、強さ、国際的経済安定によると考えが基本にあった。

三軍の統一軍化は、国防長官を飾り物にしてしまい、背後の軍人集団が実際に軍を動かすことになりかねず、憲法による大統領の特権を奪う恐れがあるともエバーシュタットは考えた。エバーシュタット案は海軍側の一つの案となり、第二次大戦後の国防組織改革案として１９４５年10月22日、上院海軍委員会に提出された。委員会は海軍長官フォレスタルと陸軍長官パターソンを参考人として呼び、意見を聴取した。フォレスタルの発言は次のようなものだった。

①事を急いではならぬ。

②現在の機構の健全さは、第二次大戦遂行で実証されている。
③現状機構の欠点は、徐々に取り除いたら良い。
④統合軍の管理は一人の人間の能力を超えている。
パターソン陸軍長官は、陸海軍並列体制に伴う、補給・医療・調達・空輸の重複と無駄を証言した。

４　三軍統合へのトルーマン大統領の執念

トルーマン大統領や予算局関係者はパターソンが言うように、二重投資や無駄使いを問題にしていた。

米国が第二次大戦に参入する以前の１９４１年３月、上院は生産の隘路・動員問題調査委員会を立ち上げ、委員長には当時上院議員だったトルーマンが選ばれた。このこともあって、大統領になったトルーマンは陸海軍統合問題には特別の関心を持っていた。前大統領のルーズベルトは海軍次官を８年間もやったこともあって、海軍を「我々」、陸軍を「奴ら」と言ったほどの海軍贔屓《ひいき》だった。これに対して、トルーマンは第一次大戦時に陸軍砲兵大尉だったこともあって陸軍贔屓で、この問題には特に熱心だった。トルーマンの熱意がなければ陸海軍統合の国防省設立はずっと遅れていたに相違ない。

トルーマンは副大統領候補に指名された直後の１９４４年7月号の『コリアーズ』誌に「我軍は統合軍化されるべき」と題する論文を寄稿した。この論文では、米西戦争や第一次大戦で陸海軍が並立したことによって、いかに無駄があったかを説き、真珠湾の悲劇も、ハワイ防空問題その他で陸海軍に無用な対立があったことが原因だと断定し、二重、無駄、非効率を陸海軍の統合化で打ち破るべきだと訴えた。

陸軍、トルーマン、予算局長ハロルド・スミス以外の統合軍論者は、官僚組織内では、社会主義的思想を持つニューディーラーと呼ばれたニューディール政策信奉者であった。彼等は何より大きな政府を望み、大統領権限増大に賛成した。

三軍を統御する国防省と国防参謀総長案にトルーマンは執念を持っていた。フランクリン・ルーズベルト大統領の一存で、第二次大戦勃発年の１９３９年に設置された当時の大統領直轄統合参謀長会議は、陸海軍の自主的協議機関に過ぎないとし、国防長官、国防参謀総長による単純明快な指揮命令系統による統合軍をトルーマンは望んでいた。

１９４５年12月19日、トルーマンは議会において、①軍予算の健全な運営と促進、②第二次大戦後の世界での米国の責任遂行の効率化、を主な内容とする所信演説を行った。

このような流れの中で、上院陸軍委員会は陸海軍統合問題を検討する小委員会を作って答申を求めた。この小委員会には陸軍側からはノースタット中将、海軍側からはラドフォード中将が代表として出席し、１９４６年４月９日に答申書を提出したものの、陸海軍双方の意見がまとまらず、決定的なものにはならなかった。翌月13日、トルーマンはパターソン陸軍長官、フォレスタル海軍長官を呼び、案件の促進を直接指示した。

両長官は、それまで合意に至らなかった12点中８点は合意したが、合意出来なかった次の４点を１９４６年５月31日にトルーマンに報告。

①国防省として統一の省を作るかどうか。

②空軍を独立させるかどうか。

③海軍の陸上基地航空部隊をどうするか。

④海兵隊の役割と任務について。

６月15日、トルーマンは、①は国防省として統一、②は空軍の独立、その他は現状維持の意見を示した。この日、トルーマンは上院陸海軍委員会の委員長に書簡を送った。その内容は、陸海軍長官への上述４点への回答を報告し、エバーシュタット案をしぶしぶ認めて、①国家安全保障会議（ＮＳＣ）、②国家安全保障資源局（ＮＳＲＢ）、③中央情報局（ＣＩＡ）、④軍需品調達補給機関、⑤軍事研究開発統合局、⑥軍事教育訓練局、の設置が書かれていた。

トルーマンが執念を持っていた国防参謀総長は、既存の統合参謀長会議議長リーヒ元帥の勧告で現状のまま継続することとなった。トルーマンのこのような妥協にもかかわらず、海軍側は単一の国防省案に反対論が強かった。

5　初代国防長官に就任

フォレスタルは１９４６年11月7日、自宅に陸海軍代表を招き、妥協案の作成を要請。陸軍のノースタット、海軍のシャーマンによる妥協案が作られ、陸海軍長官に答申された。この答申は「パターソン・フォレスタル合意」と呼ばれるもので、翌年の１９４７年1月16日にトルーマンに提出された。

この合意は、国防省問題に関して、陸海空軍省を並立させ、これら三軍に対し「統合化された運用のための共通の方針、共通の計画を策定する国防長官を置く」としていた。この合意は法制化の手続きがとられ、上下両院で大きな問題化することもなく「国家安全法１９４７年(National Security Act of 1947)」として通過し、トルーマンは直ちに署名、発効した。

この法律の内容は大別して次の二点であった。

（１）国家安全保障会議（ＮＳＣ）、国家安全保障資源局（ＮＳＲＢ）、中央情報局（ＣＩＡ）の新設と空軍の独立。

（２）国防長官の新設。国防長官の任務は次の４点。

①国家安全保障機関活動に対して統合的な「全般的方針と計画」の樹立。

②陸海空三軍に対して「全般的な指示、コントロール」の実施。

③三軍の「調達、供給、運輸、貯蔵、医務、研究」分野での重複の無駄の排除。

海空軍省の4省併立は問題があり過ぎた。国防省に一本化し、国防長官に強い権限を与えるとともに、その実行力を行使するために次官制度の創設と国防長官スタッフの充実が不可欠だと考えた。また、バラバラ傾向にある統合参謀本部を統御・指揮する相応の権限を持つ議長が必要で、統御・指揮権限機能が難しいなら、統合参謀本部方針の方向付け機能を議長に与えるべきだとも考えた。

このような国防省再改革をやれるのは自分以外にない、との自負がフォレスタルにはあった。フォレスタルは民主党に根強いニューディーラーに反感を持っていた。彼等は社会主義的傾向に堕し、個々の企業人のイニシアティブを弱め、過剰規制、重税で産業の効率を低減させ、労使紛争を煽り、軍事生産力を弱め、予算のバラマキをやったからだ。

しかし、海軍長官としてトルーマンの統合軍化に一貫して反対したこと、国防予算に関し、トルーマンによるセイリング（天井額の設置）に反対したこと、フォレスタルが国家安全保障会議をコントロールしていると考えられたことなどの理由で、トルーマンもホワイトハウスのスタッフもフォレスタルにいい感じを持っていなかった。

6　国防長官辞任、そして自殺

トルーマンの大統領再選が決まった時、エバーシュタットはフォレスタルに辞任を勧めた。

今、辞めるなら三軍統合化の最初の国防長官の栄誉を背負って辞めることが出来るからだ。しかし、新しい国防体制の不備改革を考えるフォレスタルは友人の忠告に耳を傾ける余裕を失っていた。

戦時の海軍次官、海軍長官、戦後の三軍統合化問題と初代国防長官の激務下での8年間は彼の心身を徐々に蝕んでいた。1949年1月11日、トルーマンはフォレスタルをホワイトハウスに呼び、国防長官を辞めてもらうこと、そして後任にルイス・ジョンソンを任命するつもりだと伝えた。米ソ対立の情勢の中で、創設されたばかりの国防省運営と改革は自分が最適任だと思っていたフォレスタルにとっては寝耳に水だった。

大統領選挙時、ジョンソンは選挙資金担当責任者として活躍し、再選されれば国防長官のポストを与えると密約していたとも言われている。ジョンソンは1930年代の一時期、陸軍省次官補だったが、時の陸軍長官と衝突してルーズベルト大統領によってクビになった男で、フォレスタルによれば、国防関係のことは全く知らない無能の法螺吹き男だ。

ショックと今までの激務の疲れがフォレスタルの神経を錯乱状態に陥れた。身体から精力が失われたようになって集中力がなくなり、精神的に不安定になった。フォレスタルをよく知る友人達は、顔色を失い、肩を落しうつろな目のフォレスタルを見ている。

フォレスタルの異常な言行が耳に入ったこともあって、3月1日、トルーマンはフォレスタルを呼び、即座の辞任を求めた。

1949年3月28日、ジョンソンの国防長官就任式があり、ホワイトハウスでフォレスタルの送別会が行われた。送別会から国防省の自室に戻ったフォレスタルの様子に異常を感じた秘書はワシントンに滞在中のエバーシュタットに電話で連絡し、フォレスタルを自宅まで送った。フォレスタルの自宅に急行したエバーシュタットの目に映ったフォレスタルは常人ではなかった。フォレスタルが長期間に亘って厳しい不眠症に罹っていたことも知った。人目のつかぬフロリダのゴルフ場で長期間静養させようと考えたエバーシュタットはジョンソン長官に電話して空軍機でフロリダに送ってもらうこととし、自分も著名な精神科医と同乗してフロリダに向かった。

精神科医は重症の憂鬱症と診断した。この病気は神経が細やかで細心、自意識が強く綿密、多忙、行動的な人で、趣味や関心が狭く、気分転換の下手な中年者が罹りやすい。一般的な症状は、過去を嘆き、将来の不安に悩まされ、決断が出来ず、自己疑惑、焦燥、恐怖を訴える。フォレスタルは細心、綿密で仕事以外を知らぬ人だった。二人の子供もあったが、妻と離婚し、家庭に安住を求めることはなかった。自殺への衝動に駆られるのがフォレスタルの症状の特色と考えた精神科医は直ちに入院の必要ありと診断し、ワシントンのベセスダ海軍病院に入院と決まったが、政府は事が公になるのを恐れた。

４月２日、ワシントンに運ばれ直ちに入院。病院では精神障碍者治療用の病棟に入ったが、ここは人目に付きやすいと心配したホワイトハウス筋により別棟の高層病棟16階のＶＩＰ専用室に移った。これが問題だった。自殺衝動のある患者は一階建て病棟で治療するのが鉄則である。５月22日、フォレスタルは16階の給食準備室の窓から身をひるがえした。

１９４７年の国防法は実施に移されると多くの欠点が実感されるようになった。最も不備を感じたのがフォレスタルだった。欠点の第一は、国防長官の権限が明確でなく、陸海空三軍の長官に対して指揮命令、コントロール出来ないことだ。これでは本当の意味の三軍統合化からは程遠い。欠点の第二は国防省スタッフ不足。補佐官だけでなく、職務の実行を行う次官、次官補がいなくては巨大な組織を扱う国防長官の任務が遂行出来ない。第三に、統合参謀本部を強力に指導する国防参謀総長は創設されなかったものの、とりまとめを行う権限のはっきりした議長も必要だ。戦時中はルーズベルト大統領、戦後はトルーマン大統領に仕える軍事参謀長だったリーヒ海軍元帥も統合参謀本部メンバーとなったが、陸軍参謀総長、海軍作戦部長、空軍参謀総長と併せ４人の内の一人でしかなく名誉職的任命に過ぎなかった。

フォレスタル自殺４日前の３月24日、上院軍事委員会で１９４７年国防法修正案の検討が始まった。下院軍事委員会での審議も行われ、特に問題もなく議会を通過し、１９４９年８月10日、トルーマン大統領の署名により１９４９年国防法が発効した。この改正案の第一は、国防長官の権限の明確化と強化であった。閣僚レベルだった陸海空軍長官を降格して国防長官のみが閣僚級として残り、三軍の長官を指揮命令コントロールするようになった。第二は、次官と３人の次官補の設置が認められたこと、第三は、統合参謀本部に恒常的な議長を置いたことで、統合参謀本部の参謀将校は１００人から２１０人に増員枠が拡げられた。

21世紀初頭の米軍の機構はこの１９４９年国防法が基本となっている。

おわりに

米国史で海のフロンティア時代が始まる20世紀初頭から中頃までの半世紀は、太平洋を挟む日米対立の時代でもあった。海のフロンティア西進の尖兵は言うまでもなく海軍力である。

そのための理論付けや国民への啓蒙に影響力があったのは海軍戦略家マハン大佐であり、政治家としてはセオドア・ルーズベルトであった。そうして、対日戦に関わる実際の戦略を練ったのは主として米海軍トップの歴代海軍作戦部長である。さらに米海軍を名実ともに世界一にしたのは、米国史上前代未聞の4期連続大統領に就任し、海軍のことなら誰よりも知っていると自負するフランクリン・ルーズベルトであり、対日戦争で実際の戦略を構築し、米海軍を強烈なリーダーシップで指揮したのはキング元帥だった。また、終戦前後の海軍長官で、その後新設の国防長官になったフォレスタルも米海軍史で外すことの出来ない人物である。

20世紀になって、日本人が多く住むハワイ王国を米国が併合したり、カリフォルニアで日本人移民が排斥・迫害されるまでは、日米関係は良好であった。その証拠に、アナポリスの海軍兵学校に次表のように日本人留学生が少なくなかったことを挙げたい。彼等の中には勝海舟の嫡男がいたり、日本海軍で海軍大将になった者もいる。20世紀になって日米関係が緊張するようになると、田村丕顕《ひろあき》を最後に、米国は留学生受け入れを断わってきた。ウェストポイントの陸軍士官学校は初めから日本人留学生を受け入れなかったことも併せて留意すべきだ。

世良田、瓜生、井上が在学時代、マハンはアナポリスの教官だった。勉強がよく出来て、熱心なクリスチャン、社会的つきあいにも洗練されている世良田はマハンのお気に入りの生徒だった。帰国後、海軍の要職を歴任するが44歳の若さで逝去。後に世良田の伝記が編纂された際マハンは求めに応じて、アナポリス時代の世良田の想いを書き送っている。

20世紀半ばまでの米国の目的は、西太平洋の海軍大国日本を叩き潰して、支那大陸を自圏の影響下に置くことだったが、第二次大戦後、ここに共産政権が出現したことにより、米国の究極の目的は頓挫し、この中国は米国と覇を競うまでになっているのが21世紀初めの現実である。

次に、20世紀半ばまでの米海軍の特色を挙げておきた

卒業年次	名　前	卒業席次	日本海軍での最終階級
1873年	松村惇蔵	29人中28位	海軍中将
1877年	勝　小鹿	45人中44位	海軍少佐
	国友次郎	45人中45位	海軍大佐
1881年	世良田亮	72人中14位	海軍少将
	瓜生外吉	72人中26位	海軍大将
	井上良智	72人中77位	海軍中将
1900年	田村丕顕	61人中61位	海軍少将

(参考資料：谷光太郎「主要提督から見た米海軍史(3)」『波涛』平成4年9月号、No.107)

い。米国史の特色の一つは白人による有色人への差別の歴史であった。黒人奴隷や原住民がどのような扱いを受けてきたか、日本人移民の差別と迫害は言うまでもない。白人内でもアングロサクソン系を頂点にアイルランド系、南欧系、ユダヤ系等への歴然たる差別があった。これらの背景下に米海軍（海兵隊を含めて）も白人で構成され、厨房や給仕などの特殊の例外を除き、有色人は受け入れなかった。米海軍は、この時代、白人海軍だったことを知っておく必要がある。この人種問題対処は、ベトナム戦争以降、１９７０年代のズンワルト海軍作戦部長の施策まで待たなければならなかった。もちろん、これで全部解決したわけではない。

最後に、第二次大戦の結果、米海軍は文字通りの世界一の海軍となった。これを夢見ていたマハン大佐やセオドア・ルーズベルト大統領が生きていたらどんなに喜ぶだろうか。

しかし、この大戦の激務は、終結を待たずにフランクリン・ルーズベルト大統領、ノックス海軍長官の生命の炎を失わせ、大戦中は海軍長官、戦後は初代国防長官だったフォレスタルを自殺に追いやり、海軍トップとして精力をすり潰したキング元帥は戦後まもなく倒れ、10年間海軍病院で生きる屍の日々を過ごして死んだ。

諸行無常の感に打たれる。

■参考

◎20世紀になってから第二次大戦終結までの大統領

ウイリアム・マッキンリー（共和党） 1897年3月4日〜1901年9月14日
セオドア・ルーズベルト（共和党） 1901年9月14日〜1909年3月3日
ウイリアム・H・タフト（共和党） 1909年3月4日〜1913年3月3日
ウッドロー・ウィルソン（民主党） 1913年3月4日〜1921年3月3日
ウォーレン・G・ハーディング（共和党） 1921年3月4日〜1923年8月2日
カルビン・クーリッジ（共和党） 1923年8月3日〜1929年3月3日
ハーバート・C・フーバー（共和党） 1929年3月4日〜1933年3月3日
フランクリン・D・ルーズベルト（民主党） 1933年3月4日〜1945年4月12日
ハリー・S・トルーマン（民主党） 1945年4月12日〜1953年1月20日

◎第一次大戦から第二次大戦終結までの海軍長官

ジョセフス・ダニエルズ 1913年3月5日〜1921年3月5日
エドウィン・デンビー 1921年3月6日〜1924年3月10日
カーチス・D・ウィルバー 1924年3月19日〜1929年3月4日
チャールス・F・アダムス 1929年3月5日〜1933年3月4日

クラウデ・A・スワンソン　1933年3月4日〜1939年7月7日
チャールス・エジソン　1940年1月2日〜1940年6月24日
（発明王トーマス・エジソンの長男）
フランク・ノックス　1940年7月11日〜1944年4月28日
ジェームズ・V・フォレスタル　1944年5月19日〜1947年9月17日

◎初代から第二次大戦終結までの海軍作戦部長

ウイリアム・S・ベンソン　1915年5月11日〜1919年9月25日
ロバート・E・クーンツ　1919年11月1日〜1923年7月21日
エドワード・W・エーベル　1923年7月21日〜1927年11月14日
チャールス・F・ヒューズ　1927年11月14日〜1930年9月17日
ウイリアム・V・プラット　1930年9月17日〜1933年6月30日
ウイリアム・H・スタンドレー　1933年7月1日〜1937年1月1日
ウイリアム・D・リーヒ　1937年1月2日〜1939年8月1日
ハロルド・R・スターク　1939年8月1日〜1942年3月26日
アーネスト・J・キング　1942年3月26日〜1945年12月15日

閑話休題 ◎ウィリアムの名前

第一次大戦から第二次大戦中に至る米海軍提督にウィリアムの名が多いのに関心を抱く人もあろう。上記の海軍作戦部長９人のうち４人がウィリアムだ。その他でも「米海軍航空の父」と言われたモフェット、太平洋戦争中のハルゼーもウィリアム。

この名前は古ドイツ語の「Vilija:ウィリアと発音。英語の will（意思）」と「helma.:英語の helmet（兜）」の合成による名前で、英国でもエリザベス１世時代には多かったが17世紀になると少なくなった。新大陸の米植民地移住者にはこの名前が多く、ジョンに次いでトーマスと並ぶ名前であった。

ハーバード大学学生名簿によると、１８５０年から１９１０年の60年間、ウィリアムの名前が一番多かったようである。（*American Given Names: The Origin and History in the Context of the English Language*, by George R. Stewart, Oxford University Press, 1979）

【参考文献】

第1章

◎アメリカの歴史、歴代大統領

『概説アメリカ史―ニューワールドの夢と現実』有賀貞、有斐閣、１９８５年

『アメリカ大統領―最高権力をつかんだ男たち』宇佐美滋、講談社、１９８８年

『ホワイトハウスの政治史―ＮＨＫ市民大学　１９８８年７月〜９月期』有賀貞、１９８８年

◎歴代米海軍長官

American Secretaries of the Navy, Vol. I (1775-1913) Vol. II (1913-1972), edited by Paolo E. Coletta, US Naval Institute Press, 1980

◎著名米海軍提督の伝記

Dictionary of America Military Biography, I (A-G), II (H-P), III (Q-Z), edited by Roger J. Spiller, Greenwood Press, 1984

Dictionary of Admirals of the U.S. Navy Vol.1 (1862-1900), Vol.2 (1901-1918), edited by William B. Cogar , US Naval Inst. Press

Quarterdeck & Bridge: Two Centuries of American Naval Leaders, edited by James C. Bradford , US Naval Inst. Press, 1997。※米海軍史に影響を与えた南北戦争以降の米提督10人を記述している。太平洋戦争以前の提督としては、①シュテファン・B・ルース（海軍大学校創設者）、②アルフレッド・T・マハン（海軍戦略家）、③ウィリアム・S・シムズ（大艦巨砲の権威）、④ウィリアム・A・モフエット（米海軍航空の父）の４人が選ばれ、太平洋戦争中の提督としては、⑤アーネスト・J・キング（合衆国艦隊長官兼海軍作戦部長）、⑥チェスター・W・ニミッツ（太平洋艦隊長官）、⑦ウィリアム・F・ハルゼー（第３艦隊長官）の３人が選ばれている。戦後の提督として選ばれているのは、⑧ケネデ

イ大統領時代異例の長期間作戦部長だったアレー・バーク、⑨海軍の原子力化に尽力したハイマン・G・リコバー、⑩黒人の艦内勤務や婦人航空機操縦員を認める等の改革を進めたエルモ・R・ズンワルトの３人である。

第2章

◎マハン関連　※冒頭の二書はマハンの詳細を知る基本文献。

Letters and Papers of Alfred Thayer Mahan Vol. I,II,III, edited by Robert Seager II, US Naval Inst. Press, 1975

Alfred Thayer Mahan: The Man and his Letters, by Robert Seager II, US Naval Inst. Press, 1977

A Bibliography of The Works of Alfred Thayer Mahan, compiled by John H. Hattendorf and Lynn C. Hattendorf, Naval War College Press, 1986

『アメリカ古典文庫8アルフレッド・T・マハン』麻田貞雄訳・解説、研究社、１９８０年

『アルフレッド・マハン―孤高の提督』谷光太郎、白桃書房、１９９０年

『海軍戦略家マハン』谷光太郎、中公叢書、２０１３年

◎海軍大学校関係

Professors of War: The Naval War College and the Development of the Naval Profession, by Ronald Spector, Naval War College Press, 1977　※世界に先駆けて戦略・戦術を研究する米海軍大学校が創設されるに至った経緯を知ることが出来るもの。

『アメリカにおける秋山真之（上・下）』島田謹二、朝日新聞社、１９８１年・１９８３年

◎「近代米海軍の父」トレーシー海軍長官

Benjamin Franklin Tracy: Father of the Modern American Fighting Navy, by Franklin Cooling, Archon Books, 1973　※不羈狷介なマハンすら高く評価した「近代米海軍の父」トレーシー海軍長官

に興味を覚える人には役立つ文献。

第3章

◎セオドア・ルーズベルト関連

Theodore Roosevelt and the Rise of America to World Power, by Howard K. Beale, The Johns Hopkins Univ. Press, 1956

Theodore Roosevelt: A Biography, by Henry F. Pringle, Harcourt, Brace, Jovanovich, Publishers, 1956

The Rise of Theodore Roosevelt , by Edmund Morris, Ballantine Books, 1979

Theodore Roosevelt's Naval Diplomacy: The US Navy and the Birth of the American Century, by Henry J. Hendrix, US Naval Inst. Press, 2009

The War Lovers: Roosevelt, Lodge, Hearst and the Rush to Empire, by Evan Thomas, Little, Brown and Company, 2010

◎セオドア・ルーズベルトの外交政策に影響を与えた上院議員ヘンリー・C・ロッジ

Henry Cabot Lodge and the Search for an American Foreign Policy, by William C. Widenor, Univ. of California Press, 1980

『米国東アジア政策の源流とその創設者—セオドア・ルーズベルトとアルフレッド・マハン』谷光太郎、山口経済研究叢書第27集、山口大学経済学会、１９９８年

『セオドア・ルーズベルトの生涯と日本—米国の西漸と二つの「太平洋戦争」』末里周平、丸善プラネット、２０１３年

◎シムズ提督

Admiral Sims and the Modern American Navy, by Elting E. Morrison, Hough Mifflin Company, 1942

※セオドア・ルーズベルト大統領補佐官として米海軍の大艦巨砲化を進め、第一次大戦中は英国派遣米海軍司令官。海軍大学校校長として活躍したシムズの伝記。

◎海兵隊関連

※米海軍に所属した海兵隊は米海軍史には不可欠の存在。その歴史を知るには以下の書が参考になる。

First to Fight: An Inside View of the US Marine Corps, by Victor H. Krulak US Naval Inst. Press, 1984

Soldiers of the Sea: The United States Marine Corps 1775-1962, by Robert Debs Heinl, Jr., The Nautical & Aviation Publishing Co. of America, 1991

『アメリカ海兵隊—非営利型組織の自己革新』野中郁次郎、中公新書、１９９７年

◎日本人移民排斥問題

『排日の歴史』若槻泰雄、中公新書、１９８５年

『外交官の一生』石射猪太郎、中公文庫、１９８６年

『日本の歴史⑥』渡部昇一、ワック出版、２０１０年

※排日移民法の経緯が詳しく書かれている。

◎白色艦隊の世界巡航

「セオドア・ルーズベルトの外交政策とグレート・ホワイト・フリートの世界巡航」谷光太郎、『波涛』１９９９年3月号（通巻第１４１号）、海上自衛隊幹部学校兵術同好会

Theodore Roosevelt and the Great White Fleet: American Sea Power Comes of Age, by Kenneth Wimmel, Brassey's Inc. 1998

Roosevelt Wields His Big Stick, by Commander Henry J. Hendrix US Navy, *US Naval Institute Proceedings*, December 2007

◎パナマ運河

※米海軍戦略の重要拠点となったパナマ運河開削に関しては以下の書が参考になる。
『パナマ運河』山口広次、中公新書、１９８０年
『ルーズベルト一族と日本』谷光太郎、中央公論新社、２０１６年

◎日露戦争とセオドア・ルーズベルト大統領

『ポーツマスへの道』松村正義、原書房、１９８７年
『日露戦争と金子堅太郎―広報外交の研究』松村正義、新有堂、１９８０年

第４章

◎ダニエルズ海軍長官

Josephus Daniels: His Life & Times, by Lee A. Craig, The University of North Carolina Press, 2013

◎ベンソン初代海軍作戦部長

Admiral William Shepherd Benson: First Chief of Naval Operations, by Mary Klachko with David F. Trask, US Naval Inst. Press, 1987

第５章・第７章

◎フランクリン・ルーズベルト

FDR: A Biography, by Ted Morgan, Grafton Books, 1985
Young Mr. Roosevelt : FDR's Introduction to War, Politics, and Life, by Stanley Weintraub, DACAPO, 2013　※8年間の海軍次官でその間の第一次大戦も乗り切ったフランクリンは、海軍関係なら誰よりも知悉しているとの自負を持ち、この間に気に入った海軍士官を大統領になると次々抜擢し、ルーズベルト閥を作った。この辺のことを知るに必読の書。
Makers of Naval Policy 1798-1947, by Robert Greenhalgh Albion, edited by Rowena Reed, US Naval

Inst. Press, 1980　※フランクリン・ルーズベルトと海軍関係者との逸話等興味深い書。

◎マハンとセオドア、フランクリン両ルーズベルトの文通その他

The Ambiguous Relationship: Theodore Roosevelt and Alfred Thayer Mahan, by Richard W. Turk, Greenwood Press, 1987

William L. Neumann, Franklin Delano Roosevelt : A Discipline of Mahan, *Naval Institute Proceedings*, July 1952　※フランクリンが、十代のグロートン高校時代、『海上権力史論』に熱中し、海軍次官、大統領時代を通じて、「海を制する者が世界を制する」というマハン理論を信奉するシビリアンの代表的存在となった、との指摘について詳しい書。

『フランクリン・ルーズベルト伝』ラッセル・フリードマン、中島百合子訳、ＮＴＴ出版、１９９１年

『フランクリン・ローズヴェルト（上・下）』ドリス・カーンズ・グッドウィン著、砂村榮利子・山下淑美訳、中央公論新社、２０１４年

◎リーヒ提督

Witness to Power: The Life of Fleet Admiral William D. Leahy, by Henry H. Adams , Naval Inst. Press, 1985　※フランクリン・ルーズベルト大統領の軍事参謀長だったリーヒの伝記。

I was there: The Personal Story of the Chief of Staff to Presidents Roosevelt and Truman Based on His Notes and Diaries made at the Time, by Fleet Admiral William D. Leahy, Whittlesey House, McGraw-Hill Book Company, Inc., 1950　※リーヒの個人的体験による第二次大戦録。

◎フランクリン・ルーズベルトの人種偏見

「白人世界の世界支配は終った」石原慎太郎、『文藝春秋』２０１４年９月号

「蒟蒻問答」堤堯、久保紘一、「Ｗｉｌｌ」２０１３年８月号

『日本はどれだけいい国か』日下公人・高山正之、ＰＨＰ研究所、２００８年

「開戦５年前日系人収監計画」『産経新聞』２００８年12月３日付記事

◎スターク提督

Admiral Harold R. Stark: Architect of Victory, 1939-1945, by B. Mitchell Simpson III, University of South Carolina Press, 1989　※太平洋戦争勃発前から真珠湾奇襲直後までの作戦部長だったスタークを知るのに参考になる。

◎ハート提督

A Different Kind of Victory: A Biography of Admiral Thomas C. Hart, by James Leutze, US Naval Inst. Press, 1981　※太平洋戦争初期にアジア艦隊長官だったハート提督の伝記。

◎フランクリン・ルーズベルトの第二次大戦指導

※ルーズベルトがどのように米国を第二次大戦にもちこんだか、を知る参考になるのが冒頭の二書。

No End Save Victory: How FDR Led the Nation into War, by David Kaiser, Basic Books, A Member of the Perseus Books Group, 2014

Final Victory: FDR's Extraordinary World War II Presidential Campaign, by Stanley Weinstraub, DA CAPO Press, 2012

『大海軍を想う』伊藤正徳、文藝春秋、１９５６年

『開戦と終戦―人と機構と計画』富岡定俊、毎日新聞社、１９６８年

『外交官の一生』石射猪太郎、中公文庫、１９８６年

『昭和天皇独白録―寺崎英成御用掛日記』文藝春秋、１９９１年

『かくて歴史は始まる』渡部昇一、クレスト社、１９９２年

『世界巡洋艦物語』福井静夫著作集第４巻、光人社、１９９２年

『父、佐藤市郎が書き遺した軍縮会議秘録』佐藤信太郎編、文芸社、２００１年

『昭和の大戦への道―渡部昇一日本の歴史⑥昭和篇』渡部昇一、ワック出版、２０１０年

『ルーズベルト一族と日本』谷光太郎、中央公論新社、２０１６年

第6章

The Chiefs of Naval Operations, edited by Robert William Love, Jr., US Naval Inst. Press, 1980

American Secretaries of the Navy, Vol. II, Edited by Paolo Colletta, US Naval Inst.　Press, 1980

◎米海軍航空の父モフェット

Admiral William A. Moffett: Architect of Naval Aviation, by William F. Trimble, Smithonian Institution Press, 1994

◎海軍将官会議(General Board)

Agents of Innovation: The General Board and the Design of the Fleet that Defeated the Japanese Navy, by John T. Kuehn, US Naval Inst. Press, 2008　※第一次大戦後の米海軍軍縮時代の一面を知るためには「海軍将官会議」を知る必要がある。

◎オレンジ計画

War Plan Orange: The US Strategy to Defeat Japan, 1897-1945, by Edward S. Miller, US Naval Inst. Press, 1991　※米国の対日戦争計画として知られる「オレンジ計画」の詳細を知るための必読書。

『ドキュメント昭和―世界への登場　5オレンジ作戦』ＮＨＫ「ドキュメント昭和」取材班編、角川書店、１９８６年。※ワシントン海軍軍縮会議後の日米海軍について詳しく記述している書。

第8章

◎キング合衆国艦隊長官兼務海軍作戦部長

Master of Sea Power: A Biography of Fleet Admiral Ernest J. King, by Thomas B. Buell, Little, Brown and Company, 1980

Fleet Admiral King: A Naval Record, by Ernest J. King and Walter Muir Whitehill, Dacapo Press,

1952　※興味深いキングの自叙伝。
『開戦と終戦』富岡定俊、毎日新聞社、１９６８年
『米軍提督と太平洋戦争』谷光太郎、学研、２０００年
『アーネスト・キング―太平洋戦争を指揮した米海軍戦略家』谷光太郎、白桃書房、１９９３年
『海軍戦略家キングと太平洋戦争』谷光太郎、中公文庫、２０１５年

◎太平洋戦争中に海兵隊のトップだったホロコム大将の海兵隊改革

Preparing for Victory: Thomas Holcomb and the Making of the Modern Marine Corps, 1936-1947, by David J. Ulbrich, US Naval Inst. Press, 2011

◎三軍戦略の調整統合機関の歴史

The History of the Joint Chiefs of Staff in World War II: The War Against Japan, by Grace Person Hayes, US Naval Inst. Press, 1982。
※日本軍は陸海軍の戦略調整に、憲法上の制約もあって苦しんだ。米軍は陸海軍長官諮問機関である陸海軍統合会議を創設（１９０３年）、フランクリン・ルーズベルト大統領はこれを大統領直属の統合参謀長会議に改編（１９３９年）、更に戦後の１９４７年、統合参謀本部誕生に至る。その歴史は興味深いものがあるが、その歴史を知るため次書は有意義。
The Joint Staff Officer's Guide 1985, US Government Printing Office, Washington
『統合軍参謀マニュアル』野中郁次郎監訳、谷光太郎訳、白桃書房、２０１５年、新装版第5刷
※ *The Joint and Combined Staff Officer's Manual*, by Colonel Jack D. Nicholas etc., Stackpole Books, 1959、の翻訳。

◎日米経済戦争関係

『大東亜補給戦―わが戦力と国力の実態『中原茂敏、原書房、１９８１年　※筆者は昭和14年から20年まで、陸軍中佐として大本営兵站総監部参謀等を経歴して軍需産業関連の基本問題の調査・研究・対策に

当った人。ルーズベルトによる通商航海条約の破棄は「武力にあらざる、否それ以上に効果のある最大の攻撃の第一波」だと指摘する。

第９章

◎フォレスタル関係

Eberstadt and Forrestal: A National Security Partnership, by Jeffery M. Dorwart, Texas A&M Univ. Press, 1991 ※「１９４７年国防法」の基本となった原案を考案した友人エバーシュタットとフォレスタルの交流を描いたもので、現在の米国国防体制組織がどのようにして形成されたかを知るための必読書。

Driven Patriot: The Life and Times of James Forrestal, by Townsend Hoopes and Douglas Brinkley, Alfred A. Knopf Publisher, 1992 ※フォレスタルの生涯を描いた伝記。

The Formative Years 1947-1950: History of the Office of the Secretary of Defense, by Steven L. Rearden, Historical Office, Office of the Secretary of Defense, 1984 ※現在の国防省創設に至る経緯が詳しく記述されている。

◎第二次大戦中の米軍需産業

Freedom's Forge: How American Business Proceeded Victory in World War II, by Arthur Herman, Random House, 2012 ※Freedom's Forgeとは「自由諸国の兵器廠」の意味。フォレスタルは大戦中の海軍次官当時、軍事産業関係に深く関わったが、当時の軍需産業状況を知ることが出来る。

著者
谷光 太郎（たにみつ たろう）
1941年香川県生まれ。1963年東北大学法学部卒業。同年三菱電機入社。1994年山口大学経済学部教授。2004年大阪成蹊大学現代経営情報学部教授。2011年退職、現在に至る。
著書に、『米海軍から見た太平洋戦争情報戦』（芙蓉書房出版）、『ルーズベルト一族と日本』（中央公論新社）、『米軍提督と太平洋戦争』（学習研究社）、『情報敗戦』（ピアソン・エデュケーション）、『敗北の理由』（ダイヤモンド社）、『海軍戦略家マハン』（中央公論新社）、『海軍戦略家キングと太平洋戦争』（中公文庫）、『統合軍参謀マニュアル』（翻訳、白桃書房）、『黒澤明が描こうとした山本五十六』（芙蓉書房出版）などがある。

米海軍戦略家の系譜
――世界一の海軍はどのようにして生まれたのか――

2019年5月30日　第1刷発行

著 者
谷光《たにみつ》 太郎《たろう》

発行所
㈱芙蓉書房出版
（代表 平澤公裕）
〒113-0033東京都文京区本郷3-3-13
TEL 03-3813-4466　FAX 03-3813-4615
http://www.fuyoshobo.co.jp

印刷・製本／モリモト印刷

ISBN978-4-8295-0762-9

【芙蓉書房出版の本】

米海軍から見た太平洋戦争情報戦
ハワイ無線暗号解読機関長と太平洋艦隊情報参謀の活躍

谷光太郎著　本体 1,800円

ミッドウエー海戦で日本海軍敗戦の端緒を作った無線暗号解読機関長ロシュフォート中佐、ニミッツ太平洋艦隊長官を支えた情報参謀レイトンの二人の「日本通」軍人を軸に、日本人には知られていない米国海軍情報機関の実像を生々しく描く。

黒澤明が描こうとした山本五十六
映画「トラ・トラ・トラ！」制作の真実

谷光太郎著　本体 2,200円

山本五十六の悲劇をハリウッド映画「トラ・トラ・トラ！」で描こうとした黒澤明は、なぜ制作途中で降板させられたのか？黒澤、山本の二人だけでなく、20世紀フォックス側の動きも丹念に追い、さらには米海軍側の悲劇の主人公であるキンメル太平洋艦隊長官やスターク海軍作戦部長にも言及した重層的ノンフィクション。

英国の危機を救った男チャーチル
なぜ不屈のリーダーシップを発揮できたのか

谷光太郎著　本体 2,000円

ヨーロッパの命運を握った指導者の強烈なリーダーシップと知られざる人間像を描いたノンフィクション。ナチス・ドイツに徹底抗戦し、ワシントン、モスクワ、カサブランカ、ケベック、カイロ、テヘラン、ヤルタ、ポツダムと、連続する首脳会談実現のためエネルギッシュに東奔西走する姿を描く。